本书受陕西省社科界重大理论与现实问题研究项目“陕西省生态补偿式扶贫的机制研究（2019Z193）”；中央高校基本科研项目“精准扶贫背景下生态补偿式扶贫的机制研究（300102239665）”等项目的资助。

基于供给与需求的流域生态服务价值补偿研究

王奕淇 著

A Study of Watershed Ecosystem Service Value Compensation Based on Supply and Demand

中国财经出版传媒集团
经济科学出版社
Economic Science Press

图书在版编目（CIP）数据

基于供给与需求的流域生态服务价值补偿研究 / 王奕淇著. —北京：经济科学出版社，2019. 9
ISBN 978 - 7 - 5218 - 0917 - 6

Ⅰ. ①基… Ⅱ. ①王… Ⅲ. ①流域环境-生态环境-补偿机制-研究-中国 Ⅳ. ①X321. 2

中国版本图书馆 CIP 数据核字（2019）第 204523 号

责任编辑：谭志军 李 军
责任校对：杨 海
责任印制：李 鹏

基于供给与需求的流域生态服务价值补偿研究
王奕淇 著
经济科学出版社出版、发行 新华书店经销
社址：北京市海淀区阜成路甲 28 号 邮编：100142
总编部电话：010 - 88191217 发行部电话：010 - 88191522
网址：www. esp. com. cn
电子邮箱：esp@ esp. com. cn
天猫网店：经济科学出版社旗舰店
网址：http://jjkxcbs. tmall. com
固安华明印业有限公司印装
710 × 1000 16 开 14. 75 印张 250000 字
2019 年 10 月第 1 版 2019 年 10 月第 1 次印刷
ISBN 978 - 7 - 5218 - 0917 - 6 定价：56. 00 元
（图书出现印装问题，本社负责调换。电话：010 - 88191510）

前　言

党的十八大明确提出建立最严格的水资源管理制度、完善生态补偿机制是全面建设社会主义生态文明的重要组成部分。流域作为提供人类可使用淡水资源的主要来源之一，其生态补偿的实施关系到国家生态文明建设和生态安全。流域上、下游间水生态环境保护成本与收益的区域错配是流域生态补偿的根本原因，流域上游作为生态服务价值供给方，为保护水生态环境付出高昂的成本；流域下游作为生态服务价值需求方，在无偿享有良好的水生态服务的同时不断促进自身发展，上、下游之间的环境成本和经济发展差距不断拉大，缺乏保护流域生态环境的激励机制，流域水质、水量等生态服务的供给无法得到改善。根据环保部发布的《2016 中国环境状况公报》显示，流域Ⅳ类、Ⅴ类及劣Ⅴ类的水质断面占 1617 个国考断面的 28.8%，比 2015 年上升 0.9%。如何提高流域供给的生态服务价值、解决上下游间供给与需求矛盾、促进流域实现永续发展，这不仅是亟须解决的重大现实问题，而且具有重要的理论研究价值。

本书以外部性理论、生态环境价值理论和公共物品理论为指导，研究基于供给与需求的流域生态服务价值补偿，以渭河流域为例，对流域生态服务价值供给方的补偿标准和需求方的支付意愿进行测度，并针对需求方的支付意愿无法足额补偿供给方供给的剩余生态服务价值，提出能够实现流域整体效用最大化的分摊机制。主要研究工作及创新点体现为三个方面：

第一，构建了基于供给与需求的流域整体效用最大化下的流域生态服务价值补偿理论分析框架。已有成果主要是基于供给方与需求方的实证测度，缺乏对流域生态服务价值供给与需求的系统性研究，本书将二者纳入一个流域生态服务价值补偿的理论分析框架。首先，依据外部性理论和生态环境价值理论，对流域生态服务价值供给方的供给行为进行分析，数理推导上游供给的生态服务价值外部性内部化的作用机理，通过构建资源保护与补偿模型，得出上游供给的剩余生态服务价值即为其受偿标准。然后，分析需求方的消费者行为并构建其效用函数，得出消费者的支付意愿取决于生态服务改善所带来的价值增量，并进一步建立测度方法为 CVM 和 CE、测量尺度为 Hicks 消费者剩余的支付意愿测度体系。最后，依据公共物品理论构建上、下游间的分工与合作模型，得出下游补偿上游既符合公平与效率原则，又可提高流域效用水平，并通过构建流域生态服务价值补偿的效用最大化理论模型，得到使流域效用最大化的三类补偿主体的分摊决策。

第二，基于供给和需求的双重视角，评估流域上游生态服务价值供给的补偿和下游居民的支付意愿。在上游生态服务价值供给的补偿测算方面，与已有研究多采用单一方法评估生态服务价值作为补偿标准和未考虑上游自身消费的生态服务价值不同，综合运用当量因子法、机会成本法和能值分析法评估 2006～2015 年渭河上游供给的生态服务价值，并在利用水足迹法剔除上游自身消费的基础上确定补偿标准，得到渭河上游应获得的补偿从 2006 年的 8.15 亿元上升至 2015 年的 36.37 亿元。在流域下游居民的支付意愿测度方面，不同于其他研究多单独采用 CVM 或 CE 进行意愿估算而不可避免产生测度结果的偏误，本书同时运用 CVM 与 CE，通过引导技术与属性水平的策略性选择、不同模型估计结果的比较，寻求偏误最低的下游居民支付意愿。比较两种方法，发现 CVM 仅能估算假想状态下的整体价值，CE 能够兼顾整体与部分的内在联系并揭示下游居民对不同属性的意愿价值，由此得到调研区域 2015 年下游居民的支付意愿为 11.285 元/月/人，其中城镇、农村居民的支付意愿分别为 13.168 元/月/人、9.050 元/月/人。

第三，建立流域生态服务价值补偿的分摊机制，确定各补偿主体的分摊比例和补偿金额。与已有研究主要依据各受益地区的用水量或用水效益进行分摊、未考虑各利益相关者的效用水平不同，基于兼顾流域各利益相关者效用水平的视角，利用专家调查法量化渭河流域各类生态服务价值，构建层次结构模型和结构熵权模型确定各补偿主体的分摊比例，得到中央政府、下游地方政府和下游居民对渭河流域生态服务价值补偿的分摊比例分别为 32.65%、

36.92%、30.43%。结合上游供给的剩余生态服务价值，中央政府、下游地方政府和下游居民应分别支付的补偿从2006年的2.66亿元、3.01亿元、2.48亿元上升至2015年的11.87亿元、13.43亿元、11.07亿元。可以看出，下游居民应分摊的金额要小于其支付意愿，说明该分摊方法不仅提高了上游效用水平，还能兼顾下游居民效用，并有效减轻了国家与地方政府保护与建设生态环境的财政压力，有利于提高流域整体的效用。

王奕淇

2019.8

目　录

第1章 绪论

1.1 研究背景及问题提出

1.1.1 研究背景

改革开放以来，中国社会经济的发展取得了举世瞩目的成就，综合国力明显增强，国际地位也显著上升，对世界经济发展具有举足轻重的影响。但是，中国经济前期的快速增长造成极大的生态破坏和环境污染问题，西方发达国家在近两个世纪的工业化进程中分阶段出现的生态环境问题在中国工业化进程中集中体现。生态资源的高度破坏与消耗，绿色植被面积锐减、空气质量低劣、水资源枯竭和污染、土地塌陷和沙漠化等生态环境问题纷至沓来，使中国处于环境风险的显现期，经济发展负重前行。根据中国环境保护部公布的《2016中国环境状况公报》，我国淡水质量不容乐观，地表水Ⅳ类、Ⅴ类及劣Ⅴ类的水质断面占1940个国考断面的32.3%，流域Ⅳ类、Ⅴ类及劣Ⅴ类的水质断面占1617个国考断面的28.8%，地下水水质较差、极差级的监测点占全部6124个监测点的60.1%；森林资源的保护和发展面临突出问题，森林覆盖率为21.63%，只有全球平均水平的2/3，人均森林面积更不足世界人均占有量的1/4；虽不断开展水土流失治理，但水土流失面积仍占全国总面积的31.1%；空气污染严重，城市环境空气质量超标城市占全国338个地级及以上城市的75.1%。此外，由美国耶鲁大学环境法律与政策中心（YCELP）、哥伦比亚大学国际地球科学信息网络中心（CIESIN）联合世界经济论坛（WEF）发布的《2016年全球环境绩效指数（environmental performance index，EPI）报告》显示，在全球180个参加排名的国家和地区中，中国以65.1分的得分处于倒数第72位，其中水与环境卫生政策领域处于中等水平，空气质量绩效表现很差，具有较大的改善空间（董战峰等，2016）。在巨大的环境压力下，政府环境保护部门和越来越多的学者开始意识到经济增长和环境保护之间需要有所权衡（陆旸，2011）。

流域作为人类社会文明的发源地，是提供人类可使用淡水资源的主要来源之一，也是自然生态系统中的重要组成部分之一。随着我国社会经济的高速发展，人类不断增加的水资源需求导致水资源过度开发、水资源短缺以及水环境污染等问题频发。为保护水生态环境和实现人水和谐，中央先后出台相关法律法规。2013年11月中共十八届三中全会通过《中共中央关于全面深化改革若干重大问题的决定》，提出建立系统完整的生态文明制度体系，实行最严格的源头保护制度，对水流等自然生态空间进行统一确权登记。2015年4月国务院发布《水污染防治行动计划》，提出大力推进生态文明建设，以改善水环境质量为核心，深化重点流域污染防治。2015年9月中共中央、国务院印发《生态文明体制改革总体方案》，提出树立"绿水青山就是金山银山"的理念，探索建立多角化补偿机制，提高生态保护的成效，完善资金分配挂钩的激励约束机制；推行水权交易制度，探索地区间、流域上下游等水权交易方法。2016年5月国务院办公厅发布《关于健全生态保护补偿机制的意见》，明确提出在江河源头区以及具有重要饮用水源的地区全面开展生态保护补偿，适当提高补偿标准。

目前，虽然人们愈发重视流域生态环境的保护，但由于对流域生态系统的复杂性和生态服务的多样性缺乏足够的认识，且在流域生态服务价值的使用过程中，常常过分强调某类生态服务价值，忽视流域生态系统提供的其他服务价值，导致流域生态服务价值的过度使用或使用不当。同时，虽然随着人们生态与环保意识的提高、对生态环境的保护和支付意愿逐渐增强，但是想要使生态补偿成为一种自发的主动行为并将其制度化仍存在一定难度（Mills et al.，2002）。这必将导致对流域生态系统的恢复和补偿不足，进而造成生态退化，形成流域生态服务价值供给和需求过程中的"公地悲剧"。主要表现在以下几个方面：

首先，流域生态服务价值供给不足，使用过度。当前我国为经济发展付出的水质、水量成本过高，导致许多地区屡屡出现水环境污染、水资源短缺等严峻问题，流域生态系统遭受破坏的现象也愈发凸显。流域生态系统中的草原过度放牧、森林资源过度开发等问题频发，水源涵养区的涵养水源功能随着林地、草地面积的递减而不断削弱，且我国部分主要水源区还存在点源和面源严重污染的问题，从而对流域生态服务价值的供给产生不良影响，导致供给不足（许尔琪和张红旗，2015）。并且，由于我国人口基数大、水资源分布不均且长期的过度开发以及日益严重的流域污染问题等，使中国人均水资源占有量只达到世界平均水平的1/4，是全球人均水资源最为匮乏的国度之一（耿健，2015）。根据中国工程院和环境保护部（2011）的测算结果，中国仍有1/3的水系未达到国家规定的清洁标准，超3亿人使用的水资源遭到污染或破坏。在2016年4月大自然保护协会（TNC）发布的《中国城市水蓝图》报告中，中国有2/3的城市水资源供不应求，17%的城市水资源严重短缺。在对北京、上海、广州等30个大中型城市集水区水质的检测中，73%的水源集水区水质遭到中度到重度污染。

其次，流域生态服务价值供给方激励不够，需求方付费缺位。流域上、下游间为最大化自身利益，往往会围绕水资源的开发、分配以及利用发生利益冲突，导致流域生态环境污染和破坏问题加剧。一方面，供给方为保护水生态环境和保证水质、供给良好的生态服务，需要付出高昂的成本，但由于地方政府受限于自身的财政压力、未及时拨付足额的补偿资金或其他无法实现生态补偿的全方位覆盖等种种原因，使供给方保护生态的积极性受到严重打击；另一方面，由于流域生态服务属于公共物品，需求方可在无偿享有供给方供给的良好生态服务的同时不断发展经济，导致需求方普遍存在免费消费的“搭便车”心理，缺乏生态服务付费意识。这必将导致两种不平衡的发生：一是较高的边际私人成本与较低的边际社会成本之间的不平衡；二是较低的边际私人收益与较高的边际社会收益之间的不平衡。上游作为生态服务价值的供给方，将不愿意为保护生态环境而牺牲经济增长；下游作为生态服务价值的需求方，则认为流域生态服务尤其是清洁水源属于全民所有，从而拒绝为上游供给的生态服务价值进行补偿。结果将出现流域上、下游间的区域外部性难以内部化的问题，上游若承担额外的生态环境保护责任，要么会因为边际私人成本高于边际社会成本导致经济发展缓慢，要么会因为边际私人收益低于边际社会收益导致保护不力，造成流域生态系统的生态环境恶化。并且，由于我国大多数流域的上游地区属于生态系统相对脆弱、经济发展相对缓慢的区域，这些区域既难以独自承担流域生态环境的保护和建设，又对摆脱贫困具有强烈的需求，最终导致流域生态保护和经济发展的矛盾益发突出（张志强等，2012）。

最后，流域生态服务价值补偿职责界定不清，补偿标准难以统一。虽然我国生态环境治理由国务院统一领导、地方政府分级负责，但由于我国尚未形成完善的生态补偿机制，中央与地方政府在生态环境治理中的分工与权责关系仍未理顺，流域生态服务价值补偿中各利益相关者的关系也未被清晰界定，使流域生态服务价值补偿无法明晰地在各利益相关者间进行责任分摊，导致许多流域生态服务价值补偿主要依赖于中央政府的纵向转移支付，造成中央财政的压力较大。相关利益主体的多重性以及主体间责任的分摊，是明晰流域生态服务价值补偿的责任分摊机制的难点。而补偿标准的确立则是流域生态服务价值补偿实践中的另一难点。由于流域生态系统自身的复杂性与动态性，目前对于流域生态服务价值的评估处于多角度、多方法的状态，学者们尚未形成统一的共识，且现有研究对补偿标准的确定大多未考虑供给方自身消费的生态服务价值，使流域生态服务价值补偿标准的确定在补偿政策和实践领域的运用中受限。一方面，导致在实践中流域生态服务价值补偿的金额难以把握，降低实施补偿项目区域内的居民保护和建设生态环境的积极性，使生态保护的微观主体产生抵触和敌对情绪；另一方面，“一刀切”的补偿标准容易造成部分区域补偿过高，导致地方政府的财政负担过重，而另一部分区域则补偿过低，无法满足生态保护区域付出的环保成本，容易造成补偿的不公平与效率损失（沃克佐尔德等/Wäktzold et al.，2005）。

因此，要解决流域生态服务价值的供给与需求、流域生态保护与社会经济发展的矛盾，就必须关注流域上、下游间生态环境保护成本与生态效益及区域利益的错配问题，明晰各利益相关者的职责和探讨科学的补偿标准，构建完善的流域生态服务价值补偿机制，确保流域上、下游间不因资源禀赋、功能定位的差异而发展失衡、收入失调、福利不均，实现流域不同行政区域的协调发展，推进流域水资源公平和高效配置。

1.1.2 问题提出

流域生态服务价值补偿既是我国社会经济转型过程中面临的一个重大现实问题，也是理论界长期探讨、悬而未决的一个理论问题。近年来，我国中央与地方政府针对流域生态保护和环境治理实施了许多规划，努力破解经济发展和环境保护的矛盾，例如中央政府制定的最严格水资源管理制度、水污染防治行动计划以及一些地方政府主导的流域生态补偿实践等。这些流域生态环境治理规划和项目实施的良好态势，为完善我国流域生态服务价值补偿机制提供极强的现实基础。同时，虽然国外关于流域生态服务价值补偿的研究已取得大量的成果，但随着理论的发展和研究的深入，这些成果需要得到进一步的论证，尤其是结合中国社会经济转型的特殊背景进行研究与分析。本书基于供给与需求的视角，构建流域生态服务价值补偿的理论分析框架，并以渭河流域为例进行实证研究，致力于回答和解决以下问题：

首先，准确核算流域生态服务价值供给的补偿标准是建立科学的流域生态服务价值补偿机制的关键要素。对具有公共物品特性的生态环境物品的经济价值进行定量评估是当前生态经济学、环境经济学研究的前沿领域和热点问题（张志强等，2003）。只有充分、科学、合理地测度流域上游供给的生态服务价值并剔除其自身的消费，明确上游生态保护者的受偿标准即为其供给的剩余生态服务价值，根据受偿标准对上游进行补偿，才能激励其保护和建设生态环境。然而目前对于流域生态服务价值供给的评估处于多角度、多方法的状态，学者们尚未形成统一的共识，且已有研究大多是将评估得到的生态服务价值视为补偿标准，未考虑供给方自身消费的生态服务价值，使流域生态服务价值供给的补偿标准测度在流域生态补偿领域的实践运用中受限。因此，分析流域生态服务价值供给方的供给行为和方式，明确对供给方的补偿标准，是扭转流域生态补偿困境、解决流域经济发展失衡的首要任务。

其次，准确测度流域生态服务价值需求方的支付意愿是建立科学的流域生态服务价值补偿机制的重要因素。在流域生态服务价值补偿的机制建设中，对相关利益主体的生态补偿意愿和行为的分析，对政策的管理和执行至关重要（曹世雄等，2009）。对流域生态服务价值供给方的补偿，离不开生态服务价值需求方的支持。流域下游居民作为流域生态服务价值的需求方，其消费行为及对上游的支付意愿，对激励上游保护和建设生态环境具有至关重要的作用。因此，构建完备、适宜的流域生态服务价值需求方的支付意愿测度体系，准确测算需求方的真实支付意愿，判断其支付意愿能否足额补偿上游供给的剩余生态服务价值，寻求上、下游合作治理流域的方式，是破解生态环境质量提高困境、实现流域上下游区域协调发展的重要内容。

最后，从供给与需求的视角出发，构建合理的流域生态服务价值补偿的分摊机制是建立科学的流域生态服务价值补偿机制的另一要素。黄有光和唐翔（2005）提出，虽然福利不等同于价值，但所有的价值都必须由福利解释。要达到社会整体效用的最大化，不能一味追求经济效益，还需要考虑公平，讲求社会效益和环境效益。流域生态服务价值补偿分摊的合理与否直接决定资源配置的公平与效率，不论是让下游居民、下游地方政府或中央政府任一生态服务价值需求方独自承担对供给方的补偿，都会造成流域整体效用的下降。因此，有效协调各利益相关主体的关系，以流域整体效用最大化为目标，明确流域生态服务价值补偿在各补偿主体间的分摊比例和金额，是推进流域水资源公平和高效配置、实现流域可持续发展的又一任务。

因此，本书的任务是在全社会重视生态文明建设，但目前流域生态环境保护与建设遭遇瓶颈、流域生态服务价值供给与需求矛盾加剧的背景下，依据经济学理论和方法展开研究，从供给与需求的视角出发，就如何完善流域生态服务价值补偿机制，促进供给方更好地保护和建设生态环境要素、增加流域生态系统服务功能、提高生态环境质量、维护国家生态安全提出建议，为生态文明建设提供参考。具体而言，第一，明确流域生态服务价值供给方的供给行为和方式，运用不同的测度方法对流域上游供给的生态服务价值进行评估，并测算剔除上游自身消费的生态服务价值，得到上游应获得的补偿标准；第二，构建生态服务价值需求方的支付意愿测度体系，对流域下游居民这一生态服务价值需求方的支付意愿进行测度，通过比较相关测算方法的优缺点，得到下游居民的真实支付意愿；第三，基于效用最大化的视角，针对下游居民的支付意愿无法足额补偿上游供给的剩余生态服务价值的问题，构建合理的流域生态服务价值补偿的分摊机制，明确各补偿主体对流域生态服务价值补偿应分摊的比例和金额；第四，结合上述三个方面，对流域生态服务价值补偿机制的完善提出相应的政策建议。

1.2 研究目的与意义

1.2.1 研究目的

根据前文的分析，本书研究的落脚点是基于供给与需求的我国流域生态服务价值补偿，研究目标旨在通过理论分析和实证研究，为建立健全我国流域生态服务价值补偿机制提供理论指导和经验支撑。

具体而言，本书的研究目标主要有四个：一是建立基于供给与需求的流域生态服务价值补偿的理论分析框架，通过一个逻辑统一的理论框架解释现有的流域生态服务价值补偿研究的缺陷及完善路径，构建完善的流域生态服务价值补偿的理论框架；二是确定对上游生态服务价值供给的补偿标准，利用不同方法评估上游供给的生态服务价值，并通过剔除自身消费的生态服务价值确定补偿标准；三是测度流域生态服务价值需求方的支付意愿，通过比较相关测算方法的优缺点，得到下游居民真实的支付意愿；四是探索流域生态服务价值补偿的分摊机制，基于需求方的支付意愿无法足额补偿供给方供给的剩余生态服务价值，依据各补偿主体的受益程度确定其应分摊的补偿比例与金额，构建合理、有效的流域生态服务价值补偿机制。

1.2.2 研究意义

立足于我国生态破坏和环境污染问题日趋加剧的现实背景，结合我国生态文明建设和生态补偿机制构建的客观实际，借鉴国内外已有的相关理论和经验研究，评估流域生态服务价值供给的补偿与需求方的支付意愿，并为实现流域整体效用的最大化，对流域生态服务价值补偿在各补偿主体间进行分摊，试图进一步完善我国流域生态服务价值补偿机制，对生态文明建设和美丽中国建设提供有效的政策建议。因此，本书具有重要的理论意义和现实意义。

（1）理论意义。第一，为流域生态服务价值补偿提供完整、科学的理论框架。流域生态服务价值补偿由多方面的要素构成，各要素之间并不是简单的概念性拼凑，而是具有理论基础和逻辑联系的系统框架。本书指出外部性理论是流域生态服务价值补偿的途径，生态环境价值理论是流域生态服务价值补偿标准的评估依据，公共物品理论是实施流域生态服务价值补偿的本质。这些基础理论共同构成流域生态服务价值补偿的理论框架，对于流域生态服务价值补偿机制的设计、建立和实施有所裨益。

第二，为构建流域生态服务价值补偿机制提供理论指导。流域生态服务与一般的经济学研究对象不同，其长期难以纳入主流经济学，是较为特殊的研究对象。流域生态服务价值的补偿属于经济学、生态学和环境科学等交叉学科共同研究的领域。本书在研究流域生态服务价值补偿的过程中，考虑了现有研究在理论上的掣肘，从生态服务价值出发，基于生态经济学的视角研究流域生态服务价值供给的补偿、需求方的支付意愿以及补偿的分摊机制，阐明供给与需求视角下流域生态服务价值补偿的价值基础和理论前提，对构建流域生态服务价值补偿机制具有理论意义。

（2）现实意义。第一，为流域生态服务价值补偿的实施提供指导。本书针对供给与需求视角下的流域生态服务价值补偿进行研究，通过评估流域上游生态服务价值供给的补偿和下游居民的支付意愿，发现下游居民的支付意愿无法足额补偿上游供给的剩余生态服务价值。为最大化流域整体效用，将对上游生态服务价值供给的补偿在各需求方之间进行分摊，明确流域各利益相关者应支付的补偿金额，为流域生态服务价值补偿的实施提供指导，有利于实现流域水资源的可持续发展和流域生态文明的建设。

第二，有利于保护流域生态服务价值供给方的权益，促进生态环境质量的改善和提高。流域生态服务价值的供给方为保护水生态环境付出高昂的成本，而流域生态服务价值的需求方在无偿享有生态服务价值的同时还不断发展经济，这必将导致供给方与需求方之间的矛盾。为实现流域的可持续发展，流域生态服务价值供给方应得到适当的经济补偿，这不仅符合“谁保护，谁受偿”的原则，而且在保护供给方权益的同时，充分调动其主动性与积极性，激励其保护与建设生态环境。

1.3 研究对象的界定

1.3.1 流域

流域既属于生态系统，又属于经济—社会系统，不仅能对自然生态环境产生重要影响，还对关联区域产生经济社会影响，进而影响人类福利水平，因此，可以从地理学和经济学两个视角对流域的概念进行诠释。

从地理学的视角分析，流域是依据水资源或河流的定向运动所形成的地域系统，是典型的自然地理概念（丁四保等，2010）。波拉斯等（Porras et al.，2008）提出，流域是特定水体流经的生态系统和土地的地理边界，包括湖泊、湿地、溪流和池塘等流入与流出形成的地下水含水层。从经济学的视角分析，流域是由分水线所包围的特定区域，是组织和管理经济—社会系统，进行以水资源开发利用为中心的重要空间单元（陈湘满，2002）。冯慧娟等（2010）认为流域是一个以水资源为核心，由水资源、土地、人类和其他生物等自然要素与经济、社会等人文要素组成的环境经济复合系统。

综上所述，本书认为流域既是指由特定水体流经形成的一个生态系统，又是通过对水资源的综合开发和利用所形成的特定空间单元，是一个经济地理学上的概念。由于我国流域上、下游间环境保护与经济发展的问题日趋严峻，如何实现流域上、下游区域间的协调发展和流域水资源的可持续利用，是本书需要解决的问题。

1.3.2 生态系统服务

自生态系统服务，或者说生态服务（environmental/ecosystem service，ES）这一概念首次使用以来，有关生态系统服务的研究取得显著进展（赫利韦尔/Helliwell，1969；德格鲁特等/De Groot et al.，2002）。科斯坦萨等（Costanza et al.，1997）将生态系统服务定义为人类从生态系统功能中直接或间接获得的利益。戴利（Daily，1997）认为，生态系统服务是指自然生态系统及其组成物种得以维持和满足人类生命的环境条件和过程，是维持生物多样性和生态系统产品生产的服务。千年生态系统评估（millennium ecosystem assessment，MEA；2005）进一步完善生态系统服务的概念，将其定义为人类从所有生态系统中获得的所有益惠。博伊德和班茨哈夫（Boyd & Banzhaf，2007）认为生态系统服务是直接被人类享用、消费或使用以产生人类福祉的自然组分。布朗等（Brown et al.，2007）认为生态系统服务是生态过程产生的特定结果，能够用于维持、提高人类生活或保证生态系统产品的质量。费希尔等（Fisher et al.，2008）强调生态系统服务的“产品”属性，认为生态系统服务这一“产品”是在特定生态系统中经过一定生态过程产生，包括中间服务和最终服务。贝特曼等（Bateman et al.，2011）认为生态系统服务是自然环境所提供的储备服务，是从生态资产（自然资本）“存量”中获得的“流量”，是自然资本的存量—流量配置带来的服务。

国内学者关于生态系统服务的研究起步较晚，对生态系统服务的定义仁者见仁、智者见智。欧阳志云和王如松（2000）将生态系统服务定义为生态系统与生态过程形成的人类生存所必需的自然环境条件和效应，其不仅为人类提供食品、药品等生产生活原料，还维持地球生态支持系统，形成人类赖以生存的环境条件。张志强等（2001）提出生态系统服务包含来自自然资本的物流、信息流和能流，与人造资本和人力资本相结合产生人类福利，给人类提供生活所需的生态产品和提供维持人类生活质量的生态功能。赵景柱等（2003）认为生态系统服务是指人类直接或间接从生态系统中获得的利益，主要包括直接向人类提供服务、向社会经济系统输入有用的物质与能量以及接受和转化社会经济系统排放的废弃物。陈能汪等（2009）认为生态系统服务是指生态系统生产、输送和维持一系列人类认为重要的物质或服务，其来源于自然生态系统过程和组分，人类从生态系统获取利益的多少是衡量生态系统服务价值的标准。李琰等（2013）基于人类福祉的视角，将生态系统服务定义为与人类收益直接相关，对人类福祉做出贡献终端自然组分，即能够直接影响人类福祉的生态系统过程与功能所产生的特定结果。臧正和邹欣庆（2016）认为生态系统具有为人类服务的功能，能给人类的生产和发展创造一系列自然环境条件，提供经济效益和社会效益。

本书认为生态系统服务是指由生态系统提供的、能直接或间接提升人类福利的产品和服务。这一概念意在强调生态系统服务不由人类劳动所创造，而是天然存在的，并且能使人类福利得到提升，具有经济价值。基于流域和生态系统服务的概念，认为流域生态服务是指由流域生态系统所提供、能直接或间接提升人类福利的产品和服务，如提供清洁水源、维持生物多样性、保持土壤、提供娱乐文化等服务。

1.3.3 生态服务价值

生态服务价值也称为生态系统服务价值（ecosystem service value，ESV）。在马克思传统的定价系统中，价值只与商品的无差别劳动时间有关，通常通过货币来衡量，成为价格。但这种价值忽视了在价格中无法体现的间接使用价值、非使用价值等，属于一种狭义的价值。科斯坦萨（Costanza，2000）认为，价值是指人类为了特定的物品或环境服务，所愿意付出的物质与努力的程度。生态服务价值最早来源于生物多样性的价值，联合国环境规划署（United

Nations Environment Program，UNEP）提出，生物多样性的价值是有实物性的直接价值、无实物性的直接价值、间接价值、存在价值与选择价值等五种价值的总和。皮尔斯（Pearce，1994）对生态环境的价值进行深入的探讨，认为生态环境提供的价值主要包括使用价值和非使用价值，其中使用价值由直接使用价值、间接使用价值和选择价值构成，非使用价值由存在价值和遗传价值构成。国际经济合作与发展组织（Organization for Economic Cooperation and Development，OECD）在皮尔斯（Pearce，1994）的基础上，提出选择价值是介于使用价值和非使用价值之间，并将选择价值与存在价值、遗产价值合并。科斯坦萨等（Costanza et al.，1997）认为生态服务价值是对生态系统给人类带来的产品与服务进行的价值度量。

国内学者对生态服务价值的概念也进行了深入的探讨，欧阳志云等（1999）认为生态服务价值包括直接利用价值、间接利用价值、选择价值、存在价值四种价值。谢高地等（2001）提出生态服务价值是通过生态系统的功能直接或间接获得的产品与服务的价值。张彩霞等（2008）认为生态服务价值是对生态系统所提供的人类赖以生存的服务功能的量化，人类活动会对其产生强烈影响，是在与人类相互作用的过程中实现的。郑德凤等（2014）提出生态服务价值是生态系统提供的维持人类生存所需的自然环境条件与效用的价值，包括给人类提供物质产品、娱乐服务等直接利用价值与保护环境、维持生态等间接利用价值。王玲慧等（2015）认为生态服务价值是生态系统服务功能对人类产生的作用或影响的量化，通过货币的数量化来反映作用与影响的程度。赵志刚等（2017）提出生态服务价值是指通过生态系统的结构、过程与功能为人类的生存发展直接或间接提供服务的货币价值。

结合国内外学者的观点及本书对生态系统服务的定义，本书认为生态服务价值是指由生态系统提供的、能直接或间接提升人类福利的产品与服务的使用价值与非使用价值之和，是对生态系统服务的量化，反映出生态系统给人类提供的福利强度与数量。基于流域和生态服务价值的概念，认为流域生态服务价值是指由流域生态系统所提供、能直接或间接提升人类福利的产品和服务的使用价值与非使用价值之和。

1.3.4 生态补偿

国际上与国内生态补偿具有较为对应关系的概念主要为生态系统服务付费

（payment for environmental/ecosystem service，PES）。文德尔（Wunder，2005）将PES定义为当至少存在一个生态系统服务供给方可靠的提供生态服务时，一种界定完整和清晰的生态系统服务被一个需求方从供给方处买走，而形成的一个自愿交易。这是当前引用最频繁、最被认可的定义。佩吉拉等（Pagiola et al.，2005）认为PES是改善生态服务供给的一种机制，是对生态资源供给者提供的部分生态服务给予补助，以提高其保护和供给这些生态服务的积极性。恩格尔等（Engel et al.，2008）应用科斯理论，将PES定义为在生态服务供给者可以安全提供生态服务的条件下，买卖双方对界定明晰的生态服务进行的自愿交易。穆冉典等（Murandian et al.，2010）认为PES是资源在不同社会角色之间的让渡，其目的在于通过激励促使自然资源管理者（个人或集体）的决策与社会利益趋于一致。塔科尼（Tacconi，2012）将PES定义为对自愿提供环境服务的供给者给予有条件的支付，以提供额外环境服务的一个透明系统。

国内学者对生态补偿的概念探讨较多，但仍未达成一致。毛显强等（2002）认为，生态补偿是指通过对保护（破坏）生态环境的行为进行补偿（收费），提高该行为的收益（成本），从而激励保护（破坏）行为主体增加（减少）因其行为带来的正外部性（负外部性），达到保护生态环境的目的。沈满洪和扬天（2004）认为，生态补偿是通过一定的政策举措实现生态环境保护外部性内部化，让生态保护成果的受益者或需求者支付相应费用，以解决生态产品这一公共物品消费中的“搭便车”现象，激励实现公共物品的最优供给。万军等（2005）认为生态补偿具有以下四个方面的含义：一是对生态系统自身的补偿；二是对破坏生态环境的行为予以控制；三是对保护生态环境或放弃经济发展机会的行为予以补偿；四是对具有重大生态服务价值的区域进行保护性投入。李文华和刘某承（2010）将生态补偿定义为依据生态系统服务价值、生态保护者的实际投入和机会成本，采取政府工具和市场工具，调整生态保护利益相关者之间环境与经济利益关系的一种公共制度，该制度目的在于保护生态环境、促进实现人与自然的和谐发展。汪劲（2014）认为生态补偿是指在综合考虑生态保护直接成本、发展机会成本和生态环境价值的基础上，采用政府、市场等方式，由生态保护受益者或生态损害加害者向生态环境保护者或生态损害受损者支付金钱、物质或提供非物质利益进行弥补。

本书认为国外的PES和国内的生态补偿在本质上是一致的，是生态服务价值需求方对生态服务价值供给方有条件的经济补偿，是将生态系统服务的外部性内部化为面向供给方的真实经济激励，从而促进供给方不断修正其自然资源管理行为，实现生态服务价值的持续供给机制。

1.4 研究思路和方法

1.4.1 研究思路

本书紧紧围绕“以流域生态服务价值补偿的相关理论为依托，研究基于供给与需求的流域生态服务价值补偿”这一主线，将具体的研究思路确定如下：第一，通过对流域生态服务价值补偿的国内外研究背景的介绍，并结合我国流域的实际情况，提出研究问题；第二，通过对国内外生态服务及价值、流域生态补偿的要素构成、流域生态服务价值补偿的分摊等研究成果进行文献梳理，找出流域生态服务价值补偿现有研究中存在的不足，进一步提出研究切入点；第三，在流域生态服务价值补偿的理论基础上，明确流域生态服务价值补偿的理论框架，对流域生态服务价值供给的补偿、需求方的支付意愿和流域生态服务价值补偿的效用最大化进行理论分析；第四，根据流域生态服务价值补偿的理论分析框架，以渭河流域为研究案例，分别测算渭河流域上游生态服务价值供给的补偿和作为需求方的下游居民的真实支付意愿，发现下游居民的支付意愿无法足额补偿上游供给的剩余生态服务价值，为兼顾效率与公平、最大化流域整体效用，进一步将上游生态服务价值供给的补偿在各补偿主体间进行分摊，根据各补偿主体的受益程度确定其所应分摊的补偿比例和金额；第五，归纳本书的主要结论、可能的创新之处以及后续研究展望，提出政策建议。

1.4.2 研究方法

第一，文献梳理和理论分析的方法。对已有文献的梳理，不仅能够明确研究对象存在的普遍问题，更能启发其中未被发现的深层原因，为供给与需求视角下的流域生态服务价值补偿研究打开新局面。对于流域生态服务价值补偿相关理论的分析，能够为流域生态服务价值补偿提供一个逻辑框架。本书通过对国内外生态服务及价值、流域生态补偿的要素构成、流域生态服务价值补偿的分摊的文献梳理，明确现行流域生态服务价值补偿研究的缺陷及改进空间，然后以流域生态服务价值补偿的相关理论为指导，明确如何实施流域生态服务价值补偿，使其符合理论基础，而不是简单的概念性拼凑。

第二，规范分析与实证分析相结合的方法。规范分析是指基于一定的价值判断，提出分析经济问题的标准，并研究怎样才能符合这些标准的分析方法。实证分析是指超越一切价值判断，以可以证实的前提为基点，分析经济活动的分析方法。本书采取规范分析与实证分析相结合的方法，对供给与需求视角下的流域生态服务价值补偿进行研究，具体而言，一方面对流域生态服务价值供给的补偿、需求方的支付意愿和流域生态服务价值补偿的效用最大化进行理论分析；另一方面，对理论分析的三部分进行实证分析，首先采用当量因子法、机会成本法与能值分析法测度渭河上游生态服务价值的供给，并结合水足迹法对上游供给的剩余生态服务价值进行实证测算，随后以调研数据为样本，采用CVM 法与 CE 法对下游居民的真实支付意愿进行实证测度，最后将层次分析法与结构熵权法相结合，进一步对上游生态服务价值供给的补偿在各补偿主体间的分摊进行实证研究。

第三，系统分析的方法。系统分析法是研究大部分问题都需要使用的方法，只有将一个问题作为一个系统进行研究，才能全面理解这个问题。流域生态服务价值补偿的实施是一项复杂的系统工程，既包括流域上游生态服务价值供给的补偿评估问题，又包括下游居民对给予上游补偿的真实支付意愿问题，同时还涉及上游生态服务价值供给的补偿如何在各补偿主体间进行分摊的问题。首先，利用不同的方法对上游生态服务价值供给的补偿进行评估，通过比较得到合理、可靠的剩余生态服务价值供给，即补偿标准；其次，利用调研数据对下游居民的真实支付意愿进行测度，发现下游居民的真实支付意愿无法足额补偿上游供给的剩余生态服务价值；最后，遵循“谁受益、谁补偿；多受益，多补偿”的原则，依据需求方的受益程度对上游生态服务价值供给的补偿进行分摊。本书对基于供给与需求的流域生态服务价值补偿的系统研究，有利于系统认识流域生态服务价值补偿的实施。

第四，实地调研分析的方法。实地调研分析法是指研究者通过实地面谈、提问调查等方式收集、了解事物详细资料数据，并加以分析的方法。本书在分析流域下游居民对补偿上游供给的剩余生态服务价值的支付意愿时，采用实地调研分析的方法，通过对渭河流域下游城镇居民和农村居民的实地调研，获得第一手的数据，并以此为研究对象，利用 CVM 和 CE 两种方法，结合多种模型分析渭河流域下游居民的支付意愿，并验证最终结果的有效性和可靠性，比较两种方法的优缺点，确定下游居民的真实支付意愿。

1.5 研究内容和技术路线

本书主要分为7章，具体内容如下：

第1章，绪论。本章的目的在于介绍研究的背景，提出研究问题，阐释研究的目的和意义，同时界定研究对象，介绍研究的思路和方法。核心在于从对研究背景的描述，说明本书为什么要研究基于供给与需求的流域生态服务价值补偿，引出研究流域生态服务价值补偿的重要意义。

第2章，国内外研究现状。本章的目的在于对现有生态服务及价值、流域生态补偿的要素构成、流域生态服务价值补偿的分摊等研究成果进行梳理和总结，以找出本书研究切入点。首先，在对生态系统服务研究的演化进行梳理的基础上，综述生态服务功能价值的分类框架以及生态服务价值的评估；其次，分析流域生态补偿的要素构成，对流域生态补偿的利益相关者、补偿标准、补偿方式进行综述；最后，对流域生态服务价值补偿的分摊进行综述，明确学界对流域生态服务价值补偿研究中存在的疏漏，提出本书的研究视角。

第3章，流域生态服务价值补偿的理论分析框架。本章的目的在于构建流域生态服务价值补偿的理论分析框架，为后文的研究提供理论指导。一是，对流域生态服务价值补偿的理论基础进行分析，包括外部性理论、生态环境价值理论和公共物品理论；二是，分析流域生态服务价值供给方的供给行为，明确流域生态服务价值补偿的途径是外部性内部化，评估的依据是生态环境价值；三是，对流域生态服务价值需求方的消费者行为、支付意愿进行分析，建立支付意愿的测度体系；四是，对效率与公平视角下的效用最大化进行分析，明确基于供给与需求的利益相关者，构建流域生态服务价值补偿的效用最大化模型，关注点在于实现流域生态服务价值补偿中流域整体的效用最大化。五是，综合理论分析框架，提出流域生态服务价值补偿的研究结构。

第4章，流域上游生态服务价值供给的补偿评估。本章的目的在于评估渭河流域上游生态服务价值供给的补偿，明确流域上游因保护与建设流域生态环境应获得的补偿标准。首先，分别构建当量因子法、机会成本法和能值分析法的评估模型，利用三种方法测算渭河流域上游的生态服务价值供给；其次，构建流域生态服务价值自身消费的评估模型，利用水足迹法确定渭河流域上游自身消费的生态服务价值；再次，在当量因子法、机会成本法和能值分析法测算得到的生态服务价值供给的基础上，剔除上游自身消费的生态服务价值，得到渭河流域上游供给的剩余生态服务价值；最后，比较三种方法的测算结果与优缺点，最终确定渭河流域上游应获得的补偿标准。

第5章，流域生态服务价值需求方的支付意愿测度。本章的目的在于确定流域生态服务价值需求方的真实支付意愿，依据流域生态服务价值需求方支付意愿的理论研究成果，对渭河流域下游城镇居民和农村居民进行CVM和CE的支付意愿调研。首先，通过引导技术的比较、预调研测评和问卷的再完善，确定调研使用的CVM和CE问卷；其次，利用实地调研获得的数据，对CVM问卷采用Logit模型、Probit模型、Tobit模型和D－H模型进行数据处理，对CE问卷采用MNL模型和Mixed Logit模型进行数据处理，分别得到最优的数据分析结果；最后，分别对CVM和CE的有效性、可靠性进行检验，并比较两种方法测算得到的结果，最终确定渭河流域下游居民的真实支付意愿。

第6章，流域生态服务价值补偿的分摊。本章的目的在于建立流域生态服务价值补偿的分摊机制，确定各补偿主体的分摊比例和补偿金额，以最大化流域整体的效用水平。首先，分析渭河流域生态服务价值的分摊方法，介绍相关数据来源；其次，根据专家调查问卷所获得的数据，利用层次分析法测算得到流域各类生态服务价值占总生态服务价值的权重；再次，利用结构熵权法和上述测得的权重，确定各补偿主体对流域生态服务价值补偿的分摊权重；最后，结合已经测算得到的渭河上游供给的剩余生态服务价值，确定各补偿主体应分摊的补偿金额，即中央政府、下游地方政府以及下游居民应分别对上游支付的补偿数额。

第7章，结论与展望。本章的目的在于对全文进行总结，结合研究结论提出完善流域生态服务价值补偿的政策建议，同时，指出本书的创新之处及未来可能深入探讨的研究展望。

本书的技术路线图如图1－1所示：

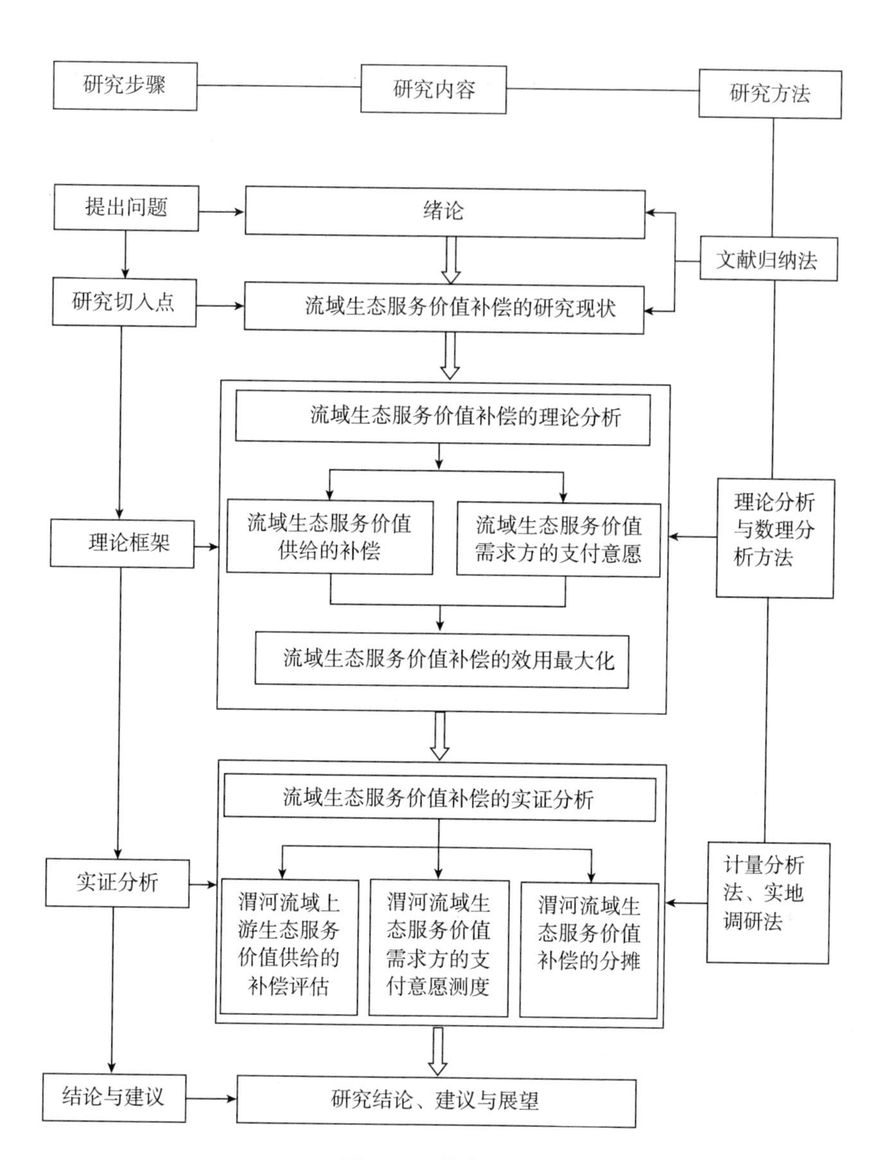
研究步骤
研究内容
研究方法
提出问题
绪论
文献归纳法
研究切入点
流域生态服务价值补偿的研究现状
流域生态服务价值补偿的理论分析
流域生态服务价值供给的补偿
流域生态服务价值需求方的支付意愿
理论框架
理论分析与数理分析方法
流域生态服务价值补偿的效用最大化
流域生态服务价值补偿的实证分析
实证分析
渭河流域上游生态服务价值供给的补偿评估
渭河流域生态服务价值需求方的支付意愿测度
渭河流域生态服务价值补偿的分摊
计量分析法、实地调研法
结论与建议
研究结论、建议与展望

图1-1 技术路线

第2章 国内外研究现状

对流域生态服务价值补偿的相关文献进行梳理与总结，目的在于找出现阶段可能存在的不足并进行完善，以更加有效地实施流域生态服务价值补偿、促进流域生态环境质量的提高。因此，本章首先对生态系统服务研究的演化、生态服务功能价值的分类以及生态服务价值的评估进行综述；其次，分析流域生态补偿的要素构成，对流域生态补偿的利益相关者、补偿标准以及补偿方式进行文献梳理；再次，对流域生态服务价值补偿的分摊进行梳理，对生态服务价值的供给与需求、补偿分摊的重要性以及补偿的分摊方法进行综述；最后，明确学界对流域生态服务价值补偿的认识和研究中存在的疏漏，指出本书的研究视角。

2.1 生态服务及其价值研究综述

生态服务价值的发展经历了从感性的价值认知到理性的价值评估过程，对生态服务及其价值进行研究，可以掌握完整的生态服务价值脉络体系，为流域生态服务价值补偿的研究提供切入点。因此，本节将从生态系统服务研究的演化、生态服务功能价值的分类、生态服务价值的评估三个方面进行综述。

2.1.1 生态系统服务研究的演化

人类在古希腊时期就意识到生态系统对社会发展的支持作用（费恩/Feen，1996），但对生态系统服务展开科学的探讨始于19世纪后期。1864年，马尔什在《人与自然》（*Man and Nature*）一书中首次描述了人类活动对自然生态环境所产生的巨大影响以及自然生态环境的产品和功能。坦斯利（Tansley，1935）首次提出生态系统的概念，认为生态系统不仅包括生物复合体，还包括环境的各种自然因素组合而成的复合体。奥斯本（Osborn，1948）对生态系统维持社会经济发展的意义进行研究，指出水、土壤、动物和植物等是人类赖以生存的基础。沃格特（Vogt，1948）首次提出自然资本的概念，认为随着人类对自然资源资本的耗竭程度加深，对债务偿还的能力也会减低。利奥波德（Leopold，1949）对生态系统的服务功能进行深入的探讨，认为人类无法完全替代生态系统的作用。但由于当时的科技水平和人们对生态系统服务认知的限制，认识基本停留在定性描述的阶段。

自20世纪70年代开始，生态系统服务逐渐成为生态学与生态经济学研究的分支。1970年，在重大环境问题的研究（study of critical environmental problems，SCEP）关于《人类对全球环境的影响》（*Man's Impact on the Global Environment*）中首次提出“生态系统服务（ecosystem service）”一词，并列出自然环境生态系统给人类提供气候调节、水土保持、洪水控制、土壤形成、害虫控制、渔业、昆虫传粉、大气组成和物质循环等环境服务。霍尔德伦和欧利希（Holdren & Ehrlich，1974）将生态环境服务的内容进行扩展，在环境服务功能清单上增加了生态系统对基因库和土壤肥力的维持功能。欧利希等（Ehrlich et al.，1977）和韦斯特曼（Westman，1977）分别提出了全球生态系统公共服务和自然服务功能的概念。欧利希等（Ehrlich et al.，1981）将环境服务确定为生态系统服务，并重点讨论生物多样性的丧失如何影响生态系统服务和人类是否能够利用先进的技术替代生态服务功能这两个问题。随后，这一术语得到学术界的接受和广泛使用。

到了20世纪90年代，由于环境问题的日益严峻以及环境经济学、生态经济学等学科的快速发展，人们愈发关注生态系统服务，并从生态系统过程、生态系统服务功能及价值等多个方面展开研究，不断丰富与充实生态系统服务的内涵。凯恩斯（Cairns，1995）将生态系统服务描述为对人类社会有贡献、是人类生存和福利所需要的生态系统服务。戴利（Daily，1997）第一次比较全面、系统、深入地对生态系统服务的内涵、发展历史和评估方法进行综述，得到较为广泛的关注。科斯坦萨等（Costanza et al.，1997）对生态系统服务及其价值的研究在世界范围内引起强烈的反响，掀起生态系统服务的研究热潮，标志着生态系统服务及其价值研究成为生态经济学的热点之一。

国内对生态系统服务的研究源于20世纪80年代对森林资源价值的研究。我国著名经济学家许涤新于1980年率先展开生态经济学的研究，首次综合考虑生态因素和经济因素。李金昌等（1991）和侯元兆等（1995）对自然资源价值的理论基础和评估方法进行了系统阐述。刘晓荻（1998）首次引入“生态系统服务”一词，认为生态系统服务是自然生态系统及其中的各种生物为人类提供的有益服务。董全（1999）认为，由自然生物过程产生和维持的环境资源方面的服务有些是显而易见和广为人知的，但更多的生态服务是间接影响人类的经济生活的。李文华等（2002）对生态系统服务的研究进展和面临的问题进行总结，认为生态系统不仅创造和维持地球的生命支持系统、形成人类生存所需的环境条件，还为人类提供生产与生活所需的食品、工农业生产、医药以及木材的原材料。王如松等（2004）提出，生态服务功能的服务主体包括水、气、土、能源和地球化学循环等，是生态资产和人类活动关系的一种基本属性。郑伟等（2006）提出，生态系统服务不仅给人类提供实物型的生态产品，还给人类提供丰富的非实物型生态服务，是人类生存与发展的基本条件。谢高地等（2008）提出，生态系统通过其功能和过程为人类提供各类生态服务，这些生态服务的产生和供给与人类社会生产其他产品或服务存在巨大差异。李双成等（2011）提出，生态系统服务是通过其功能直接或间接得到的产品或服务，并对生态系统服务的研究现状和问题以及研究趋势进行分析。郑华等（2013）认为，生态系统在自然资源和生存环境两个方面给人类提供了多种服务功能，而这些服务功能的可持续供给是经济可持续发展的基础。戴尔阜等（2016）认为，生态系统服务之间存在彼此增益的协同关系或此消彼长的权衡关系，在对生态系统服务权衡方法和模型分析的基础上提出权衡生态系统服务的框架。

2.1.2 生态服务功能价值的分类

随着人们对生态环境价值认识的日益深入，许多研究开始对生态系统提供的生态服务功能价值进行分类，在国外文献中，一方面，是针对生态系统服务功能产生的价值进行划分，较有代表性的如弗里曼（Freeman，1993）提出四分法，即分为给经济系统输入原材料、提供舒适性服务、维持生命系统、分解和容纳经济活动的副产品四类；戴利（Daily，1997）提出生态系统提供了13

项功能，包括洪涝干旱的缓解、土壤及其肥力的形成和更新、废物的去毒和降解、大气和水的净化、作物蔬菜传粉、农业害虫的控制、潜在种子扩散和养分迁移、适当的温度和风力、气候的稳定、紫外线的防护、生物多样性的维持、多种文化传统的支持和美学刺激的提升；科斯坦萨等（Costanza et al.，1997）认为生态系统服务功能包括大气调节、气候调节、干扰调节、水调节、水供应、防止侵蚀、土壤形成、食物生产、养分循环、原材料、废物处理、生物控制、传粉、提供避难所、基因库、娱乐和文化等17项内容；德格鲁特（De Groot，2002）将生态系统服务功能划分为四大类，包括调节服务、承载服务、信息服务和生产服务；千年生态系统评估（millennium ecosystem assessment，2005）将生态系统服务功能分为供给服务、调节服务、支持服务、文化服务四大类。另一方面，是针对生态环境提供的服务价值进行划分，如克鲁梯拉和费希尔（Krutilla & Fisher，1985）根据生态环境服务是否能够通过市场进行交易，将生态环境服务价值分为两类，一类是物质性的、有形的经济价值，属于（间接）市场价值，另一类是舒适性的、无形的经济价值，属于非市场价值。弗里曼（Freeman，1979）、德福斯格等（Desvousges et al.，1983）、米切尔和卡尔森（Mitchell & Carson，1989）等学者也基于生态环境服务价值进行分类，虽然分类方法所强调的重点各有不同，但基本上都认同将生态服务价值分为使用价值和非使用价值两大类，其中，使用价值包括直接使用价值、间接使用价值和选择价值，非使用价值包括存在价值和遗赠价值。这些价值都会对人类福利产生影响，特定的生态产品或服务将会直接或间接提高人类福利（波克斯特尔等/Bockstael et al.，2000；法贝尔等/Farber et al.，2002）。

虽然我国研究起点较晚，但相关学者结合自己的实际工作，主要基于以下三种视角对生态服务功能价值进行有效的分类：一是基于生态系统服务功能，如欧阳志云等（2004）根据水生态系统提供服务的机制和效用，将水生态系统的服务功能分为四类，分别是提供产品、调节功能、生命支持功能和文化功能；武立磊（2007）认为生态系统服务功能包括10类，分别是土壤的生态服务功能、有机质的生产与生态产品、有害生物的控制、生物多样性的产生和维持、传粉和种子的扩散、气体和气候调节、减缓干旱和洪涝灾害、休闲和娱乐、保护和改善环境质量、文化和艺术等；王玲慧等（2015）结合河流生态系统服务功能的特征，将其划分为淡水供给服务、生态调节服务、生态支持服务、物质生产服务、文化娱乐服务等五类；谢高地等（2015）将中国生态系统服务概括的分为四个一级类型，分别是供给服务、调节服务、支持服务、文化服务，并在这四个一级类型之下进一步划分为11种二级类型。二是基于生态环境服务价值，如欧阳志云等（1999）将生态环境服务价值总结为四类，包括直接利用价值、间接利用价值、选择价值、存在价值；徐嵩龄（2001）将价值与市场相联系，将生态环境服务价值分为三类，分别是能够以商品形式出现在市场的功能，不能以商品形式出现但具有与某些商品相似的性能，以及既不是商品也不能影响市场行为、只与现行市场机制有关的功能；赵海兰（2015）认为不同学科背景的研究人员根据研究内容侧重点不同进行分类，但从整体来看，生态系统服务总经济价值主要包括直接价值、间接价值、选择价值和存在价值四类。三是基于人类需求与福祉，如张彪等（2010）从人类需求对生态系统服务进行分类，将生态系统服务分为物质产品、生态安全维护和景观文化承载三大类，反映不同阶段或不同经济收入水平下人类需求的变化对生态系统服务产生的影响；李琰等（2013）在充分考虑不同层次人类福祉与生态服务所产生收益的关联的基础上，将生态系统服务划分为福祉构建、福祉维护和福祉提升三类；臧正和邹欣庆（2016）提出将生态系统服务与人类福祉相联系，将生态福祉划分为资源福祉和环境福祉，其中资源福祉包括食物生产和供给、能源与原材料供应、娱乐和文化服务等三项，环境福祉包括生物多样性保育、调洪灌溉和涵养水源、土壤水分和营养盐保持、释氧固碳和净化空气、调节区域气候、废弃物吸纳和处理等六项。

2.1.3 生态服务价值的评估

国外关注生态环境问题的经济学家很早就开始探索生态服务价值的评估。1925年，杜马科思（Drumax）首次以对野生生物游憩的费用支出估算结果作为野生生物的经济价值。1941年，达芬顿（Dafdon）使用费用支出法评估森林和野生生物的经济价值。1947年，佛罗庭（Flotting）提出根据旅行费用测算得到消费者剩余，将测算得到的消费者剩余作为游憩区域的游憩价值。1963年，戴维斯（Davis）在评估美国缅因州林地的游憩价值时，首次提出基于问卷调查的条件价值法。然而，上述生态服务价值的评估处于启蒙阶段，对生态服务价值评估的研究不够系统。1977年，韦斯特曼（Westman）提出“自然生态的服务”，并探讨了自然生态服务价值如何评估的问题，标志着生态服务价值的科学研究被正式提出。1986年，奥德姆（Odum）提出可将生态系统内不同类别的能量和物质转化为统一标准的能值，利用能值测算生态系统服务价值。1997年，科斯坦萨等（Costanza et al.）对生态系统服务价值的评估起到划时代的作用，认为全球每年生态功能的经济价值约为33万亿美元。此后，越来越多的学者关注生态服务价值的评估，如麦克米伦等（Macmillan et al.，1998）提出生态服务价值的评估与提供生态服务的居民付出的机会成本直接相关；克罗伊特尔等（Kreuter et al.，2001）根据科斯坦萨等（Costanza et al.，1997）提出的生态系统服务类型与单价体系，利用多光谱扫描仪（Landsat Mss）影像数据对得克萨斯州贝尔县的土地利用变化下的生态系统服务价值进行评估；布朗等（Brown et al.，2003）提出利用能值分析法估算生态系统服务的能值价值；泽德勒（Zedler，2003）、加里克等（Garrick et al.，2009）分别利用效益转移法评估流域生态服务的经济价值；南希（Nancy，2004）、蒙拿科瓦和盖达思（Monarchova & Gudas，2009）、吉野等（Yoshino et al.，2010）分别采用条件价值法对不同流域的生态环境改善所增加的经济价值进行估算；贾恩等（Jan et al.，2007）、加西亚等（Garcia et al.，2012）利用选择实验法分别对西班牙纳西缅托流域与印度尼西亚热带雨林的生物多样性所产生的效益进行评估。此外，部分学者利用微观经济模型对生态服务价值进行评估，如博克宁等（Beukering et al.，2003）运用动态模拟模型评估了印度尼西亚Leuser国家公园2000～2030年的生态经济价值；艾德丽安和苏珊娜（Adrienne & Susanne，2007）通过利用投入产出的方法，对瑞士东部地区的生态服务价值进行评估；科扎克等（Kozak et al.，2011）利用对数线性模型和指数衰减模型评估了美国伊利诺伊州德斯普兰斯（Des Plaines）河流的生态服务价值。

国内学者对生态服务价值的评估也处于多角度与多方法的状态，目前评估生态服务价值的方法主要包括五大类：直接市场法（市场价值法、费用支出法）、替代市场法（旅行费用法、影子工程法、享乐价值法、机会成本法、人力资本法、恢复费用法）、假想市场价值法（条件价值法、选择实验法）、当量因子法、能值分析法（徐丽芬等，2012；赵海凤等，2016）。学者们利用这些方法针对不同区域或者不同生态要素进行具体的生态服务价值估算，如杨怀宇等（2011）、黄润等（2014）、江波等（2017）运用市场价值法与费用支出法分别对上海市青浦区的池塘养殖生态系统的食物供给价值、皖西大别山五大水库的生态服务价值以及白洋淀湿地生态系统提供的供给服务价值进行评估；欧阳志云等（1999）、薛达元等（1999）、王景升等（2007）采用影子价格法和机会成本法分别对我国的生态系统、长白山自然保护区森林生态系统以及西藏的森林生态系统所提供的生态服务价值进行核算；张志强等（2004）、张大鹏等（2009）利用条件价值法分别对黑河流域张掖市与石羊河流域的生态系统恢复价值进行估算；史恒通和赵敏娟（2015）、石春娜等（2016）运用选择实验法对渭河流域、四川温江的生态系统服务价值进行测算；徐丽芬等（2012）、穆松林（2016）、赵志刚（2017）在谢高地等（2008）对生态服务功能当量研究基础上，运用当量因子法分别评估了渤海湾沿岸、内蒙古自治区温带草原以及鄱阳湖生态经济区的生态服务价值；席宏正和康文星（2008）、李丽锋等（2013）、伏润民和缪小林（2015）应用能值分析法分别对洞庭湖湿地、盘锦双台河口湿地以及中国生态功能区的生态服务价值进行评估。

综上所述，国内外对于生态服务价值的内涵与分类还没有形成完全统一的认识，各种观点争鸣的存在不仅说明人类对生态服务价值研究的高度重视，还反映出对生态服务价值的研究尚待进一步深入。同时，对比国内外对生态服务价值的评估，均是从不同角度对生态服务价值的体现，但多是使用单一方法进行评估，测算结果容易产生偏误。不同评估方法有自己的适用对象和优缺点，在对流域生态服务价值进行评估时，应根据研究对象、研究问题的不同综合使用评估方法，寻求偏误最低的评估结果。

2.2 流域生态补偿的要素构成研究综述

对流域生态补偿要素的研究，可以掌握流域生态补偿的主要研究问题，为流域生态服务价值补偿提供研究视角。因此，本节将从流域生态补偿的要素构成角度，对国内外的研究文献进行梳理和评述。

2.2.1 流域生态补偿的利益相关者

斯坦福大学研究所最早对利益相关者进行定义，提出是指没有其支持，组织就不可能存在的一些团体。安索夫（Ansoff，1965）认为企业中的利益相关者包含股东、管理者、员工、顾客、供应商等。弗里曼（Freeman，1984）将利益相关者定义为任何能对组织目标实现产生影响或受组织目标实现影响的团体或个人。玛格利特（Margaret，1998）认为利益相关者是指向企业提供专用性投资，且有权获得剩余索取权和承担相应风险的团体或个人。

由于产权背景的限制，利益相关者在我国流域生态补偿中的应用主要是明确流域生态补偿的主体和客体。在现有文献中，一方面，是针对广泛的流域生态补偿制度，确定流域生态补偿的补偿主体和补偿客体，如马莹（2010）认为补偿主体包括中央政府、上一级政府、下游政府、企业、个人、社会组织等流域生态保护的受益人，受偿主体包括上游政府、减少流域资源使用的企业、上游农户、乡村集体等流域生态服务供给者；于富昌等（2013）认为在水源地生态补偿中，补偿者主要是从水源地生态资源保护中受益的群体，被补偿者主要是为保护水源地生态环境、保障水资源可持续利用做出贡献的群体或地区；王爱敏等（2015）认为各利益相关者的利益诉求不同，在水源地保护区的生态补偿过程中，补偿主体是各级政府部门，受偿主体是参与水源保护的生态环境保护者，包括水源地居民、搬离水源保护区的企业等。另一方面是针对不同的案例研究利益相关者及其关系，如郑海霞等（2009）从利益关系、参与程度、权力地位等方面剖析金华江流域利益相关者的类别及冲突，将利益相关群体分为核心利益相关者、次核心利益相关者和边缘利益相关者三类；冉圣宏等（2010）针对土地利用/覆被变化，以延河流域为例，从不同尺度的生态系统服务出发，将利益相关者划分为国家、集体和个人；朱海彬和任晓冬（2015）将赤水河流域的利益相关者划分为政府管理部门、沿河居民与企业、社会公益组织三大类，并探讨利益相关者的共生模式。

2.2.2 流域生态补偿的标准

流域生态补偿标准的确定与测算是流域生态补偿的核心问题，直接影响补偿的效果和项目的可持续性，而流域生态服务价值对制定流域生态补偿标准具有重要的指导作用。国内外学者在借鉴生态服务价值评估原理的基础上，进一步对流域生态补偿标准的问题进行探讨。

1. 确定依据

国外对于生态补偿标准的确定依据，主要有两类代表观点：一是文德尔（Wunder，2005）认为若可以明确界定生态系统服务，则供给者和需求者能够自愿达成有条件的交易，交易价格即为生态补偿的标准；二是吉本斯（Gibbons，2011）认为生态补偿标准可以从行动的补偿和产出的补偿两方面进行确定。基于前者，即根据生态服务价值供给者的投入或行动进行补偿，基于后者，即明确受损方额外受损和受益方额外受益的生态服务价值。国内学者对流域生态补偿标准依据的认识，主要围绕成本补偿和效益补偿的争论，如俞海和任勇（2007）认为应从弥补成本的角度考虑补偿标准，可以依据流域生态服务保护者的需求、受益者的经济承受能力和实际支付意愿，通过博弈确定；段靖等（2010）认为应以流域上游生态保护者付出的直接成本和机会成本作为补偿标准；尚海洋等（2016）提出采用环境收益代替机会成本作为补偿标准的确定依据，有利于提高农户参与生态环境保护的积极性，对农户保护生态系统的行为约束性明显。而最受学界认同的是李文华等（2008）提出的从生态保护者的直接投入和机会成本角度、从生态受益者的获利角度、从生态破坏的恢复成本角度、从生态系统服务的价值角度等四类确定生态补偿标准的依据。

2. 补偿标准测度

国外在生态补偿标准的测度上，科斯坦萨等（Costanza et al.，1997）对生态系统功能价值的量化起到重要的指导作用。在流域方面，古布拉斯（Guabas）流域的旱季供水项目、巴西米纳斯·吉拉斯（Minas Gerais）的生活用水计划和圣保罗（Sao Paulo）的水源区生态保护补偿等均采用市场规律的均衡价格作为生态补偿的标准。自麦克米伦（Macmillan，1998）研究发现生态补偿标准与提供生态服务的居民付出的机会成本直接相关以来，机会成本法被应用于许多流域生态补偿项目的标准制定中，如纽约流域管理项目、哥斯达黎加生态环境服务付费项目等。能值分析法由奥德姆（Odum，1986）提出后，在流域生态领域的研究也比较活跃，如普斯利等（Pulselli et al.，2011）对意大利锡耶韦（Sieve）流域进行研究，通过核算流域水资源的能值确定实施不同水资源管理的策略。条件价值法由戴维斯（Davis，1963）首次将其应用于美国缅因州林地的游憩价值评估后，该方法也开始大量应用于流域生态补偿标准的确定，如加奥和等（Jauhir et al.，2012）利用条件价值法对马来西亚乌鲁冷岳地区居民的保护流域生态环境的支付意愿研究；卡瑞格等（Carig et al.，2016）利用条件价值法对菲律宾巴罗博布（Barobbob）流域的用水户支付意愿进行评估，将用水户的支付意愿作为流域可持续发展的资金来源。虽然条件价值法得到广泛应用，但该方法存在起始点偏差、策略性偏差、假想偏差、嵌入型偏差等，引起许多学者的质疑与批评，越来越多的学者开始应用选择实验法对流域生态补偿标准进行测度，如阿吉马斯和眉克能（Agimass & Mekonnen，2011）利用选择实验法研究埃塞俄比亚塔纳湖低收入渔民对渔业和流域管理的支付意愿；拉伊等（Rai et al.，2015）利用选择实验法确定尼泊尔科希盆地的流域服务地方需求的差异，进而确定补偿的标准。此外，随着数学和经济学方法在生态研究领域的发展，利用微观经济模型确定生态补偿标准的案例越来越多，如贝克勒和尼克罗（Bekele & Nicklow，2005）利用多目标进化算法测算流域生态系统产生的生态效益，进而确定应补偿的标准；汉等（Han et al.，2010）利用收入函数仿真模型对流域生态补偿标准进行计算。

国内学者对流域生态补偿标准的测度，主要是通过利用不同方法对不同流域的生态补偿标准做出具体估算，如徐大伟等（2008）尝试应用“综合污染指数法”对流域生态补偿的水质做出评价，提出基于水质和水量的跨区域流域生态补偿标准的测算方法；耿勇等（2009）通过构建基于水足迹的流域生态补偿标准模型对流域各区域水足迹进行测算，确定生态赤字区域与生态盈余区域应分别支付与获得的补偿额度；李怀恩等（2010）利用环境库兹涅兹曲线测算南水北调中线工程陕西水源区为保护水源限制产业发展遭受的机会损失；孔凡斌（2010）对东江源区的环境保护直接投入、退耕还林损失以及发展权受限的损失进行测算，并综合考虑水量分配系数、水质修正系数以及用水效益分配系数，确定下游应给予上游的补偿额度；张落成等（2011）采用水资源价值法、收入损失法与支付意愿法分别核算天目湖流域水源地的生态补偿标准；魏楚和沈满洪（2011）从污染权角度出发，利用机会成本法和水资源价值法测算流域生态补偿标准；王金南等（2012）设计了完全信息情况下的跨界流域生态补偿标准，通过数值模拟测算得到贾鲁河流域补偿标准金额；付意成等（2013）利用能值分析法对永定河流域的农业生产总能值进行测度，根据能值确定实施补偿的标准；徐大伟等（2013）运用条件价值法对辽河流域中游地区居民的生态补偿受偿意愿和支付意愿的差异性进行估算；杜晓芹等（2014）运用条件价值法对武进港水环境治理工程的居民支付意愿和受偿意愿进行评估，提出可根据测算结果对环境治理工程进行合理定价；周晨和李国平（2015）利用支付卡式条件价值法对陕南水源区的农户生态服务供给的受偿意愿进行测算；史恒通和赵敏娟（2015）利用选择实验法研究渭河流域居民对流域环境属性水平的偏好及不同组合方案的福利水平价值变化差异，间接得到陕西段居民对渭河流域生态环境补偿的支付意愿与额度；樊辉等（2016）利用选择实验法的 Mixed Logit 模型对石羊河流域城镇和农村居民的支付意愿进行测算，并分析二者的补偿剩余差异；郭荣中等（2016）利用当量因子法对澧水流域的生态服务价值进行评估，并根据测算得到的价值确定生态补偿的标准；肖池伟等（2016）借鉴生态价值当量的思路，测算赣江流域的生态经济价值，并结合博弈论得到补偿的标准。

2.2.3 流域生态补偿的方式

流域生态补偿的方式主要是解决“如何补”的问题，也是流域生态补偿的关键问题之一。国外的流域生态补偿方式主要包括以下三种：一是政府投资，如美国纽约市政府投资 10 亿 ~ 15 亿美元（10 年内）购买上游卡次启尔（Catskills）流域的生态环境服务，通过补偿搬迁移民与租赁或购买上游水源涵养地以改善上游土地的生产与利用方式，达到水质净化与水源涵养的目的；南非政府开展保护流域水资源的 WfW 项目，通过实施生态补偿手段，缓解国家水资源短缺的巨大压力；厄瓜多尔基多政府通过建立保护基金，对改变土地经营方式、改善流域供水的水质水量的农场主支付生态保护的补偿。二是自由的市场交易，如澳大利亚新南威尔士政府为实现降低河流和土地盐度的“盐度战略”，基于一系列流域末端的盐度上限，引入盐分排放权许可交易制度；法国的佩里尔·维特尔（Perrier Vittel S. A.）天然矿泉水公司通过购买产权对减少农药、化肥的使用与改善土地利用的农户实施补偿，有效改善饮用水水质。三是政府与市场有机结合，如哥斯达黎加的私营水电公司为保证充足的上游水源与减少水库的泥沙沉积，按照每年 18 美元/每公顷（政府另外给予 30 美元/每公顷的补贴）的标准，对同意将土地用于造林与从事林地可持续利用的土地所有者进行补偿；哥伦比亚的考卡（Cauca）流域的农业种植户为减少灌溉水渠中的沉积物、改善水流量，由农民自发组成的灌溉协会和政府部门对土地所有者进行补偿，补偿方式为直接支付和购买土地产权。

我国学者认为流域生态补偿的方式根据不同的准则有不同的分类体系，如朱桂香（2008）根据流域生态补偿的支付模式，将补偿方式分为资金补偿、实物补偿、技术补偿和智力补偿；常亮等（2012）在对流域水资源的基本属性进行分析的基础上，提出我国现有的流域生态补偿方式主要有政府主导方式、市场化方式和准市场方式；葛颜祥等（2012）在我国部分流域成功开展生态补偿的基础上，总结出四种适合我国国情的流域生态补偿方式，包括纵向与横向财政转移支付方式、水权交易方式、异地开发方式与生态补偿基金方式；王军峰和侯超波（2013）基于生态补偿资金来源的视角，认为流域生态补偿方式包括上下游政府间协商交易、上下游政府共同出资、政府间财政转移支付、基于出境水质的政府间强制性扣缴等四类补偿方式；郑晓等（2014）以生态文明价值为导向，对我国流域的治理方式与路径进行研究，指出基于生态文明的流域治理方式包括直接管制治理、市场治理、协商治理与综合治理四种方式。在实践中，我国的流域生态补偿以政府补偿为主、兼有市场补偿。以政府补偿为主导的典型案例包括“南水北调”工程、三北与长江上游防护林工程、京冀流域生态补偿、金磐扶贫经济开发区“异地开发”、福建闽江流域生态补偿、千岛湖流域生态补偿等；实施市场补偿的典型案例包括东阳义乌水权交易、黑河流域水权证、嘉兴市主要污染物排污权交易、保山苏帕河流域水电公司支付模式、小寨子河的流域补偿购买协议等（郑海霞，2010）。

综上所述，流域生态补偿中存在多个不同层次的利益相关者，对其进行科学的识别，尤其是对核心利益相关者的认定是实现流域生态补偿的重要过程。对比国内外流域生态补偿的确定依据与方法，发现具体确定依据没有明确的唯一性或独有性论断，且不同的方法有其优缺点，因此，对流域生态补偿标准的确定，关键在于找到科学、合理以及具有操作性的方法。另外，纵观国内外的补偿方式和实践探索，国外的流域生态补偿方式运用较为丰富，庇古模式和科斯模式均有研究，而国内的补偿方式主要以庇古模式下的政府补偿为主。随着国内学者对流域生态补偿研究的深入，越来越多的学者建议将庇古模式和科斯模式两种手段结合起来使用，认为在解决外部性的问题上，应将二者有机结合，充分发挥各自长处。

2.3 流域生态服务价值补偿的分摊综述

流域生态服务价值供给方所供给的生态服务价值通常都是数额巨大的，若政府或其他生态服务价值需求方独自承担对流域生态服务价值供给方的补偿，则会大大降低流域总效用水平。只有通过对流域生态服务价值补偿进行分摊，才能实现流域整体效用最大化。由于流域生态服务价值补偿的分摊主体主要是前文所述的流域生态补偿中的利益相关者，因此，本节主要是对生态服务价值的供给与需求、生态服务价值补偿分摊的重要性以及流域生态服务价值补偿的分摊方法进行综述。

2.3.1 生态服务价值的供给与需求

随着生态服务价值的研究成为生态学、经济学、地理学等领域关注的热点，越来越多的学者开始关注生态系统服务中人类的需求，强调生态系统服务对人类福利的影响，探讨生态服务价值的供给与人类需求之间的平衡关系（博伊德等/Boyd et al.，2007；费希尔等/Fisher et al.，2009；德格鲁特等/De Groot et al.，2010）。生态服务价值的供给是特定区域在特定时间内所提供的特定生态产品与服务（伯克哈特等/Burkhard et al.，2012）。科斯坦萨等（Costanza et al.，1997）对全球的生态系统服务价值供给进行了评估，发现全球生态系统服务供给的经济价值约为33万亿美元，远远超过当年全球经济的总量。后来的许多学者在科斯坦萨等人研究的基础上，针对不同区域与不同类型的生态系统所供给的生态系统服务价值进行评估（卢米斯和理查森/Loomis & Richardson，2001；贝克勒和尼克罗/Bekele & Nicklow，2005；桑德胡等/Sandhu et al.，2010；兰茨等/Lantz et al.，2013）。生态服务价值的需求是人类为了创造福祉进而对生态服务产生的要求，离开了人类受益者，生态系统的结构与过程无法形成生态服务价值（德格鲁特等/De Groot et al.，2010）。部分学者对生态系统服务的供给与需求进行研究，通过研究某个区域内居民对生态系统服务的需求能否得到满足，分析生态系统服务对人类福利的影响（安东等/Anton et al.，2010），如克罗尔等（Kroll et al.，2012）通过利用人口、粮食生产、能源消耗、土地利用等数据，对德国东部的能源、食物以及水资源的供给与需求进行评价，分析其供需缺口及其对当地居民福利的影响；伯克哈特等（Burkhard et al.，2012）通过构建景观单元与生态系统服务价值供给和需求的联系矩阵，利用遥感、土地覆盖以及土地调查等数据对生态系统服务价值的供给和需求及平衡状况进行分析；帕洛莫等（Palomo et al.，2013）对西班牙西南部沿海的国家公园的生态服务价值供给与需求进行研究，通过对生态系统提供的供给服务、调节服务和文化服务与受益区域需求的评估，分析生态服务价值的供需平衡关系与人们的福利。

我国许多学者也对生态服务价值的供给与需求进行研究，主要是基于以下三个方面展开研究：一是基于供给的视角，如梁流涛等（2011）对中国农村生态资源供给的生态服务价值进行实证测算，发现不同地区的生态服务价值供给差异较大，供给量较多的省份主要分布在西部地区，且农村生态资源退化的现象普遍存在；李想等（2014）利用卫星遥感影像的数据，对大连中心城区绿地系统的生态服务价值供给进行研究，发现除了公园绿地、水系绿地与道路及附属绿地等生态服务价值有所提升，其他绿地生态系统服务价值逐年降低，绿地景观的总体分布均衡性较差；姜翠红等（2016）对青海湖流域生态服务价值的供给进行评估，发现不同土地覆盖类型的空间格局对流域生态服务价值空间格局的异质性具有影响。二是基于需求的视角，如甄霖等（2010）从需求的视角，提出人类对生态服务价值的消费主要包括生产的产品与提供的服务，表现为直接与间接消费两种模式，并对生态系统服务消费的行为、方式以及效用进行研究，指出通过生态补偿的途径来实现生态系统的保护；张彪等（2010）提出人类在不同的发展阶段或不同的经济收入水平下具有不同的生态服务需求，即对生态服务的需求具有动态变化性，并且直接影响人类对生态服务价值的支付意愿；刘某承等（2015）基于需求的视角，对北京与承德两地消费的承德供给的生态服务价值进行测度，提出应根据对生态服务价值消费的比例构建生态补偿基金。三是基于供给与消费的视角，如杨莉等（2012）对黄河流域的生态系统服务的供给与需求进行研究，通过对粮食、油料、肉类等食物以及柴薪的供给与消费的评估，分析当地生态系统服务供给与消费的平衡状况及时空变化趋势；王文美等（2013）从供给与需求的角度，分别对滨海新区生态系统服务功能的供给量与需求量进行评估，发现按照生态城市建设的标准，生态系统服务功能的需求量大于供给量，存在生态缺口；肖玉等（2016）通过构建生态系统服务价值的供给与需求之间的因果关系，探讨生态系统服务价值供给时空动态变化对人类福利的影响，强调生态系统服务与人类福利的关系。

2.3.2 生态服务价值补偿分摊的重要性

由于生态环境保护和建设的受益者众多，生态环境保护工作无法有效进行的最直接和最主要原因，是忽略当地政府、居民等不同利益相关者生态环境保护行为上的响应（皮尔斯/Pires，2004）。对生态保护的成本与效益进行分析与分摊，可以帮助管理者设计最佳政策，通过科学有效的管理生态系统，促进社会整体效用的增加（比罗尔等/Birol et al.，2006）。使用多目标决策分析，明确各利益相关主体应分摊的生态服务价值补偿责任和区域环境管理的战略优先目标，对提高社会福利、实现区域的可持续发展具有重要意义（布莱恩等/Bryan et al.，2010）。

国内学者认为对生态服务价值补偿资金进行分摊，可以保证各地区生态保护和建设的公平性，有效解决以往补偿资金分配的滞后性难题，保证生态补偿代际公平的实现（王翊，2007；孙开和孙琳，2015）。生态服务价值补偿涉及众多主体的利益，是经济利益的再分配，是在符合人类发展需求的基础上，根据生态产品供需确定经济利益的分配关系。同时由于生态产品的特殊性，为保证公平，必须依靠中央政府作为中介进行协商，调整相关者的经济利益关系，分摊生态服务价值，才能实现社会效用最大化（马爱慧等，2012）。李惠梅等（2014）提出，实施生态补偿可以改善生态环境，保护受益人群和利益受损人群之间的福利不均衡状态，只有确保各利益相关者均能公平受益时，才能减弱保护生态环境造成的贫困，一定程度上增加社会效用。不同补偿分摊方案在责任主体和调节手段上的差异，会导致社会整体生产效率与社会效用的差异（龙开胜和刘澄宇，2015）。只有对利益相关方的利益和保护生态的责任做出明确界定，公平分担生态保护和环境建设的责任，才能引导利益相关方主动参与生态保护，实现生态保护、人类福利提高和可持续发展的多赢（曹莉萍和周冯琦，2016）。

2.3.3 流域生态服务价值补偿的分摊方法

国外对于流域生态服务价值补偿的分摊，主要采用两种方法：一种是根据对流域生态服务价值的需求量进行分摊，如史密斯等（Smith et al.，2006）提出应根据流域生态服务需求方的需求量，在政府机关、水电公司、下游用水户等利益相关者之间对供给方的补偿进行分摊；拉宾（Raben，2007）对杰克特佩克（Jequetepeque）流域的水环境服务的获取与支付进行研究，提出应由相关企业与用水户根据对水资源的需求分摊对上游的支付，且只有当总供给量超过总需求量时，水资源需求者才被允许用水；班尼特等（Bennett et al.，2014）提出水电公司、公用事业机构以及下游用水户，应根据他们对流域生态服务的需求量对上游农户进行补偿。另一种是按照受益者的用水效益进行分摊，如卡马乔（Camacho，2008）以厄瓜多尔的流域环境服务为例，提出根据流域环境服务使用者的用水效益，由利益相关者分摊对流域环境服务供给者的补偿；潘特和拉苏尔（Pant & Rasul，2013）提出对尼泊尔喜马拉雅流域的上游农户保护生态环境的补偿额度，可以根据受益者的用水效益，对流域水流产生的价值在上游地区与下游地区之间进行分摊；卡斯特罗等（Castro et al.，2016）提出应根据利益相关者的受益程度，将流域上游所供给的生态系统服务价值在相关企业与用水户之间进行分摊，政府要对利益相关群体产生的水资源冲突进行协调。

国内主要是利用三类方法对流域生态服务价值补偿进行分摊：一是按受益地区用水量分摊，如胡熠和梨元生（2006）以闽江流域为例，提出流域生态补偿资金可依据福州段相关区域从闽江干流的取水量进行分摊，且分摊时可适当考虑各地区的用水结构或财政状况；刘强等（2012）在测算得到东江流域下游对上游的生态补偿标准的基础上，依据下游各城市的用水量对上游补偿额度进行分摊；孙开和孙琳（2015）依据“共担、共享”和“谁受益、谁补偿”的原则，考虑到事前预算控制与代际公平性等因素，根据用水量确定下游各地区应分摊的补偿上游的费用；周晨等（2015）对南水北调中线工程水源区的生态服务价值补偿的分摊进行研究，提出分摊应综合考虑中央政府生态保护责任和受水区实际调水量，支付金额由中央政府的纵向转移支付和受水区的横向转移支付两部分组成，且受水区根据实际调水量占总调水量的权重进行分摊。二是按受益地区用水效益分摊，如许凤冉等（2010）根据下游受益主体享有上游提供的水资源效益的权重来分担流域生态环境保护成本，认为这是一种相对合理的流域水资源保护成本分担方法；黄锡生和峥嵘（2012）提出建立跨界河流生态补偿成本分摊制度，根据受益国受益大小和贡献国环境资源保护行为的因果关系程度，确定受益国的分摊比例和金额；董战峰等（2012）指出流域上、下游要实现共建共享、公平发展，需根据受益程度的大小分担补偿的责任。三是按受益地区最大支付能力分摊，如王翊和黄金玲（2007）提出根据在同一流域内各省（区）的生态补偿资金占财政收入的比例平衡生态补偿负担，实现生态补偿资金的有效分摊；白景峰（2010）考虑到补偿主体对生态服务价值补偿资金的可承受性，认为水源地保护和建设生态环境所应获得的补偿金额由国家和受水区共同承担，其中受水区按照当地经济发展水平和水资源获得数量的权重进行分摊；王品文等（2012）根据受益者的最大支付能力测算得到跨流域调水受益地区应分担的生态服务价值补偿额。除上述三种方法应用于流域生态服务价值补偿分摊外，还有学者利用层次分析法和结构熵权法确定各受益者应分摊的补偿金额，如沈田华（2013）在利用层次分析法得到三峡库区生态公益林不同效益评价指标权重的基础上，采用结构熵权法确定各补偿主体的重要性排序，得到各补偿主体应分摊的比例。

综上所述，学者们对生态服务价值供给与需求的探讨更多是关注其供给、需求及其平衡状况，未考虑需求方与供给方之间的效用联系。已有文献对于生态服务价值分摊的重要性的认识，印证了流域生态服务价值补偿分摊的不可或缺性。另外，对比国内外对流域生态服务价值补偿的分摊方法，发现已有文献主要集中于依据受益地区的用水量或用水效益对流域生态服务价值补偿进行分摊，未考虑各利益相关者效用水平与补偿分摊的联系。因此，本书认为应从供给与需求的视角出发，研究各利益相关者效用与补偿分摊之间的联系，通过选择科学、合理的方法确定各补偿主体应分摊的补偿比例和金额，实现流域整体效用的最大化。

2.4 研究述评及本书的研究视角

2.4.1 研究述评

通过梳理可以看到，首先，现阶段国内外学者对生态服务价值进行了大量的研究，对生态系统服务研究的演化、生态服务功能价值的分类以及生态服务价值的评估进行文献梳理，发现生态系统服务及其价值研究已成为国内外的研究热点之一，无论是国外研究还是国内研究，都认同生态系统服务为人类社会提供贡献。然而，国内外对于生态服务价值的内涵和分类至今尚未形成完全统一的认识，各种观点的存在不仅说明人类对生态服务价值研究的高度重视，还反映出对生态服务价值的研究仍需进一步深入。同时，对比国内外对生态服务价值的评估，均是从不同角度对生态服务价值的体现，但多是使用单一方法进行评估，测算结果容易产生偏误。不同评估方法有自己的适用对象和优缺点，在对流域生态服务价值进行评估时，应根据研究对象、研究问题的不同综合使用评估方法，寻求偏误最低的评估结果。

其次，对流域生态补偿的要素构成进行文献梳理，发现学者们均认识到利益相关者是流域生态补偿中首先需要界定的要素；补偿标准的测算是流域生态补偿能否顺利实现的核心问题，应用科学、合理以及具有操作性的方法确定补偿的标准是流域生态补偿的关键；补偿方式基于外部性理论主要包括科斯方式和庇古方式，补偿方式的合理应用有利于补偿的实现。但在现有文献中，仅是对测算方法的简单比较和对测算结果的应用，缺乏对理论标准的探讨及使用方法的严格规定。

最后，对流域生态服务价值补偿的分摊进行文献梳理，发现越来越多的学者关注生态服务价值的供给、需求以及其平衡状况，但未考虑需求方与供给方之间的效用联系；对于生态服务价值分摊的重要性，国内外学者均认同生态服务价值可以提高流域整体效用，印证了流域生态服务价值补偿的分摊的不可或缺性；另外，对比国内外对流域生态服务价值补偿的分摊方法，发现已有研究主要集中于依据受益地区的用水量或用水效益对流域生态服务价值补偿进行分摊，忽视了补偿分摊与各利益相关者之间的联系。

通过文献综述可以看出，流域生态服务价值补偿是理论界长期探讨、悬而未决的一个问题。结合中国社会经济转型的特殊背景，对供给与需求视角下的流域生态服务价值补偿进行研究，是对流域生态补偿机制的修正与完善。一方面，要顺应流域生态服务价值补偿的理论基础，提出完整且逻辑自洽的理论分析框架；另一方面，要顺应供给与需求视角下的流域生态服务价值补偿的脉络体系，借鉴国内外流域生态服务价值补偿的先进经验，更好地推进流域生态环境保护与建设，更有效地提高流域生态环境质量。

2.4.2 本书的研究视角

基于供给与需求的流域生态服务价值补偿是现阶段可以有效破解流域生态服务价值的供给与需求矛盾、经济发展和环境保护冲突的激励机制，在全社会重视生态文明建设、流域生态环境保护与建设遭遇瓶颈、流域上下游生态服务价值供给与需求失衡的背景下，对基于供给与需求的流域生态服务价值补偿进行研究，可以内部化流域生态环境保护的外部性、实现流域整体效用最大化与流域的可持续发展。因此，本书认为应基于供给与需求的视角，对流域生态服务价值补偿进行研究，从最大化流域整体效用的目标出发，明确流域上游因供给生态服务价值而应获得的补偿标准，与作为流域生态服务价值需求方的下游居民的真实支付意愿，建立合理的基于供给与需求的流域生态服务价值补偿的分摊机制，提出完善流域生态服务价值补偿的政策建议。

理论层面，根据现有的流域生态服务价值补偿理论，构建合适的基于供给与需求的流域生态服务价值补偿理论框架。首先，要对流域生态服务价值供给方的供给行为进行分析，明确流域生态服务价值补偿的途径及补偿标准的评估依据；其次，对流域生态服务价值需求方的使用行为与支付意愿进行分析，建立支付意愿的测度体系；最后，对效率与公平视角下的效用最大化进行分析，界定基于供给与需求的利益相关者，构建流域生态服务价值补偿的效用最大化模型，明确各利益相关主体在流域生态环境保护与建设中应承担的责任。

现实层面，基于理论框架与现实问题，对流域生态服务价值补偿机制进行完善。首先，明确流域生态服务价值供给方应获得的补偿标准要满足理论标准要求，是在剔除其自身消费的基础上，对其供给的剩余生态服务价值进行补偿；其次，要分析作为流域生态服务价值需求方的下游居民的真实支付意愿，给出对下游居民真实支付意愿的测算体系与测度结果；最后，流域生态服务价值补偿中的利益相关者，应是流域生态环境保护与建设涉及的各方个体，应根据其对生态服务价值的需求程度、对生态环境的重要性、参与积极性等，对流域生态服务价值补偿承担不同程度的责任。应从效用最大化的视角，根据各补偿主体的受益程度提出流域生态服务价值补偿的分摊机制，确定各补偿主体应分摊的补偿比例和金额。

第3章

流域生态服务价值补偿的理论分析框架

本章首先对流域生态服务价值补偿研究涉及的基础理论进行阐释，主要对外部性理论、生态环境价值理论和公共物品理论等理论的进展进行阐述，明确流域生态服务价值补偿的理论依据；其次，对流域生态服务价值供给的补偿进行理论分析，包括分析流域生态服务价值供给方的供给行为、流域生态服务价值补偿的途径与补偿标准的评估依据；再次，对流域生态服务价值需求方的支付意愿进行理论分析，对流域生态服务价值需求方的消费者行为与支付意愿进行分析，构建需求方支付意愿的测度体系，为需求方的真实支付意愿提供一个完整的测度框架；最后，对流域生态服务价值补偿的效用最大化进行理论分析，分析效率与公平视角下的效用最大化，明确基于供给与需求的利益相关者，构建流域生态服务价值补偿的效用最大化理论模型，提出通过流域生态服务价值补偿的合理分摊实现效用最大化的路径。

3.1 流域生态服务价值补偿的理论基础

3.1.1 外部性理论

外部性理论是生态服务价值补偿的重要理论基础，进行生态服务价值补偿的直接原因就是内部化生态保护的外部性，而生态环境保护努力不足的根源也在于生态保护过程中产生的外部性。

外部性是经济学中一个长盛不衰的问题，最早由西季威克和马歇尔提出，他们认为，在自由竞争的市场中，私人成本和社会成本、私人福利和社会福利并不完全吻合，造成了外部不经济，政府必须对市场进行适当干预。20 世纪

20 年代，庞古在《福利经济学》中系统研究了外部性问题，并将外部性区分为正外部性和负外部性，其中，对他人造成损害的行为具有负外部性，使他人共同受益的行为具有正外部性。1962 年，布坎南和斯塔伯比恩延续巴特的观点，断言在竞争性均衡中，资源配置最优化的条件遭到破坏时，外部性实质上就出现了。同样，萨缪尔森认为，一个重要的市场失灵是外部经济效果，斯蒂格利茨也指出，当存在外部性，即交易的成本与收益没有完全反映在市场价格上时，就会出现市场失灵。

然而，庞古等人的定义并没有获得广泛的支持，奈特于 1924 年对其进行反驳，他认为“外部不经济”的原因是缺乏对稀缺资源的产权界定，若将稀缺资源划定为私人所有，那么“外部不经济”将得以克服。这种观点也得到了埃利斯和费尔纳的支持，他们进一步将现实生活中的污染、破坏与负外部性联系起来。随后，科斯在 1964 年《社会成本问题》一文中延展了奈特等人的研究思路，他认为由于交易成本的存在，凭借稀缺资源产权的完全界定克服外部性几乎难以实现，并运用可交易的产权概念将造成外部性的行为看成一种可交易的权利。

低效率或者非效率经济活动产生的最直接原因之一就是外部性的产生，如何实现外部性内部化也始终是经济学理论研究和实践探索的努力方向，内部化外部性的基本方式主要有两种，一是庞古税或补贴，二是以科斯理论为基础的产权界定。

以正外部性内部化为例，庞古提出的补贴的作用路径如图 3 - 1 所示。假设有生态保育行为 I ，产生的边际私人效益为 MPB ，边际社会收益为 $MSB = MPB + MEB$ ，存在边际外部收益 MEB（正外部性）；边际私人成本 MPC 与边际社会成本 MSC 相等。在没有政策管制的情况下，I 依据 $MPB = MPC$ 决定产量和价格，均衡点为（P_1, Q_1），但社会边际收益偏离社会边际成本，社会福利没有达到帕累托最优。从社会的角度来看，I 的行为对全社会是有利可图的，此时要想通过有效的管制措施使 I 增加保育行为到均衡点（P_2, Q_2），就必须实施边际补贴率为 $AD = BC$ 的补贴，对在此过程中私人产生的成本 AQ_1Q_2C 与收益 AQ_1Q_2B 之间的差额进行内部化，即补偿给 I 图中面积为 ABC 的数额。

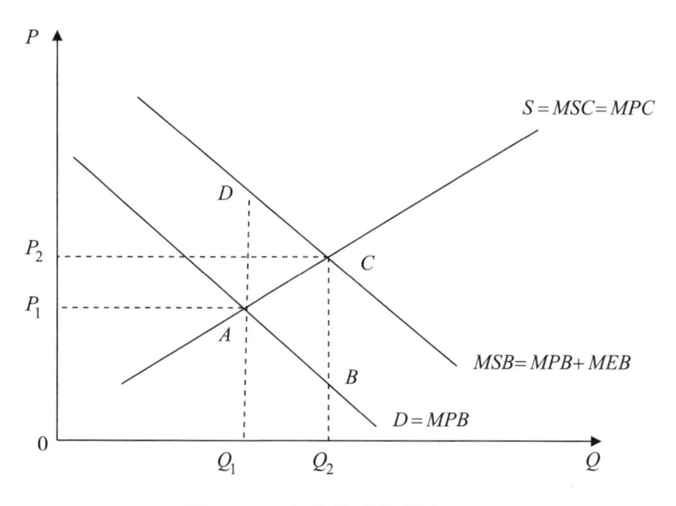

图 3－1　庇古补贴的基本原理

科斯主张以产权界定的方式矫正、消除外部性，认为只要清晰界定了产权且允许交易，那么市场就可以发挥作用消除外部性。科斯模式内部化正外部性的原理如图 3－2 所示，横轴表示生态环境保护产生的外部性数量，纵轴表示外部性的价格。假设存在 A 和 B 两个人或地区，A 进行生态环境保护，供给更多的生态环境产品和服务，B 无偿享有 A 提供的生态环境产品和服务，则 A 的生态环境保护行为产生了正的外部性，B 是该正外部性的受益者。随着 A 增加生态环境保护的努力，外部性数量逐渐增加，A 的边际净成本也逐渐上升，而 B 的边际净收益逐渐下降；当交易成本为零时，若将产权配置给 A，边际净收益曲线就是 A 依据产权向 B 收取的最高付费曲线，外部性供给的最优为均衡点 E^*；若将产权配置给 B，边际净收益曲线则是 A 根据产权安排向 B 支付的最低补偿曲线，A 要么提供更少的外部性，向 B 支付更大的边际补偿，要么提供更多的外部性，承担更大的边际净成本，最终也能够实现外部性供给的最优点 E^*。总之，在产权明晰的条件下，无论其初始配置状况如何，双方都能够通过谈判的方式实现外部性的内部化。

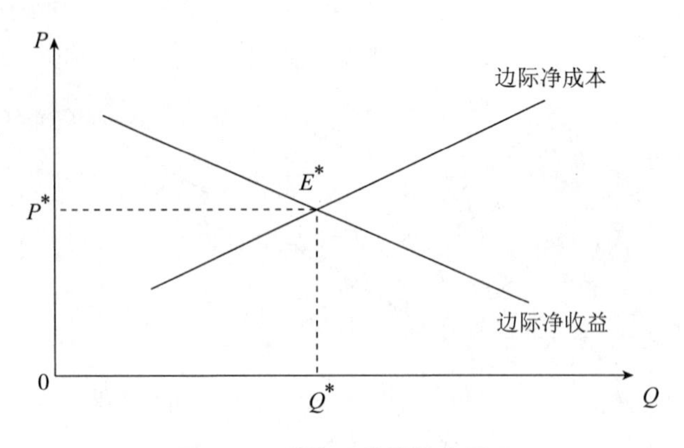

图 3－2　科斯理论的基本原理

无论是以庇古模式还是科斯模式内部化外部性，都需要一定的假设和前提条件。如庇古模式首先要求完全信息，即政府完全掌握生态环境保护产生的正外部性价值；其次，应用庇古模式内部化外部性的管理成本足够低；最后，庇古模式的实际效果受到国家行政权威、市场化程度等制度因素的影响。科斯模式首先要求与外部性有关的产权存在且较为清晰，同时产权的执行能力突出；其次，市场机制发达、完善，足以支持产权谈判和交易的有效进行；最后，科斯模式的产权交易成本要相对较低。

3.1.2　生态环境价值理论

生态环境价值理论是实施生态服务价值补偿的价值基础，更是确定补偿标准的理论依据。目前，生态环境价值理论的确立有两种理论依据：一种是西方经济学中的“效用价值论”，另一种是马克思的“劳动价值论”。

效用价值表现的是人对物的判断，是从人对物的评价过程中抽象出来的价值，亦即人考虑到稀缺因素时对物的有用性的一种评价，从本质上体现着人与物的关系（胡振华，2004）。效用价值论的主要观点是：一切物品的价值都来自他们的效用，效用用于满足人的欲望和需求。西方环境价值理论是构建在效用价值理论基础之上的。该理论认为生态环境的价值源于其效用，也即在生态环境稀缺性条件下其满足人类对生态环境需求的能力及对其的评价。根据这一理论，效用是价值的源泉，价值取决于效用、稀缺两个因素，前者决定价值的内容，后者决定价值的大小（蔡剑辉，2003）。

马克思的劳动价值论认为没有经过人类劳动的环境资源没有价值，提出随着人类认识客观事物的深化，环境资源虽没有直接通过人类劳动创造的绝对价值，但有间接通过人类劳动创造的相对价值，以相对价值来表示环境具有价值符合客观实际。国内许多学者从劳动价值论角度对生态环境价值进行研究，阐释了生态环境资源具有的使用价值和非使用价值两种基本属性（聂华，1994；谢利玉，2000；李扬裕，2004）。李萍和王伟（2012）将劳动价值论扩展于生态经济系统，提出生态环境价值由两部分组成：一是从生态系统中获得人类生存所需的自然物品时，在生态系统中人类劳动所凝结的价值；二是为保证人类能与其生存环境合理地进行物质、信息、能量等交换，对生态系统进行适当改造和补偿时，所耗费的人类劳动所凝结的价值。

可见，效用价值论和劳动价值论都承认生态环境是一种有价值的生产要素，生态环境作为特定价值的载体可以称为生态资本或自然资本。对自然资本的研究最初可追溯到皮尔斯（Pearce，1988）提出的自然资本概念和霍肯（Hawken，1993）提出的自然资本思想，而其相对成熟的理论体系则形成于霍肯等人在1997年出版的著作《自然资本论》，认为在人力资本、人造资本和金融资本之外，由自然资源和生态环境构成了第四种资本也即自然资本，后者与前三者之间存在相互替代和互补的关系，也是人类可持续发展的重要限制性因素，需要人类加大投资，从而不断积累。科斯坦萨等（Costanza et al.，1997）对自然资本的价值也进行了界定，认为生态系统产品或者服务是人类直接或者间接从生态系统中获得的收益，并将其划为调节气候、维持土壤功能、净化环境和精神文化源泉等17种类型。千年生态系统评估（millennium ecosystem assessment）在2005年的报告中继承了科斯坦萨等人对自然资本价值的界定，并通过对其17种生态系统产品和服务的梳理和整合，将其分为供给服务、调节服务、文化服务以及支持服务四种类型。科斯坦萨等人和千年生态系统评估报告分别测算了全球生态资本的巨大经济价值，以此为标志，自然资本理论和生态资本价值理论成为学者关注的热点。在我国，刘思华（1997）将自然资本定义为自然资源的经济价值，存在于自然界并用于人类活动的自然资产和生态环境，是人化自然而非原始的天然的自然，其经济价值体现在自然资源的效用、稀缺以及获取困难等三个方面。胡鞍钢和王亚华（2005）认为自然资本是自然环境与自然资源的数量和质量。沈满洪（2008）认为生态资本具有严格的区域性和空间分布不均匀性、极值性、替代性、开放性、整体价值性和长期收益性等。曹明德（2010）、谢慧明（2012）等学者也直言由自然资源、生态环境和生命系统共同构成的自然资本是第四种人类发展必不可少的资本类型。

长期以来，生态资源作为经济活动的原材料（如木材）可以在原料市场上交易的经济资源属性深入人心，人类为获得生态资源的经济价值造成了资源环境的退化甚至破坏。生态环境价值的实现是以牺牲经济价值为代价，通过生态资源的市场交易与经济价值获取，此时，需要对维持在自然状态下、与人类行为相隔离、造成人类原有经济损失的生态资源保护行为，以及新增的生态资源及其所带来的生态系统服务价值予以补偿。

3.1.3 公共物品理论

生态环境保护具有公共物品属性，这也是生态环境保护不足、需要进行生态服务价值补偿的根源之一。大部分生态服务都属于公共物品，除极少数生态产品可以进行市场化交易，其余生态服务常常被无偿使用，“搭便车”“公地悲剧”等现象层出不穷。

相对于私人物品，公共物品实质上就是非私人物品。萨谬尔森（1954）对公共物品进行了界定，他提出公共物品具有“非竞争性”与“非排他性”，相对于私人物品，个体对公共物品的消费不会减少他人消费该物品的机会和数量，也无法排除他人对该物品的消费。当某个体供给公共物品时，其他人也可同时享有该公共物品并产生相同的效用值。萨谬尔森这一界定被普遍接受，之后其他学者在其界定的基础上对公共物品的概念进行扩展，认为公共物品包括俱乐部物品、集体物品以及其他类似物品。布坎南（Buchanan，1565）提出俱乐部物品是一种集体消费所有权的安排，具有“非竞争性”与“排他性”。俱乐部物品包含了公共物品、混合物品和私人物品等所有物品，弥补了萨缪尔森在纯私人物品和纯公共物品之间的理论空缺（沈满洪等，2009）。奥斯特罗姆（Ostrom，1990）提出具有“竞争性”和“非排他性”的公共池塘资源，简称公共资源，主张基于供给与占有的现状，通过正式或非正式的集体选择协商，明确公共资源的操作细则。我国学者主要是在萨缪尔森研究的基础上，基于公共物品的特性对其做出界定，比较著名的学者包括卢现祥（2003）、刘诗白

(2007) 等。

公共物品的“非竞争性”与“非排他性”使其在使用过程中经常遭遇“搭便车”与“公地悲剧”的问题。奥尔森（Olson，1965）提出，“搭便车”使参与者免费享有与付费者完全等价的物品效用，造成公共物品供给的成本分摊的不公平，使其供给的持久性减弱。哈丁（Hardin，1968）提出，“公地悲剧”是指存在一个特定的系统，在该系统内所有个体都会无节制地消费公共物品，以公共资源的耗竭为代价使其自身利益实现最大化。奥斯特罗姆（Ostrom，1990）认为“公地悲剧”和“搭便车”问题是公共事物治理所面临的难题，如果一部分人提供公共物品，而另一部分人“搭便车”，则公共物品的供给无法达到最优水平；如果所有人都“搭便车”，则集体利益将无法产生。

生态服务属于公共物品，具有“非竞争性”与“非排他性”。对于“非竞争性”，由于生态系统在一定限度内具有自我净化的能力，当污染物排放在一定范围内时，生态服务的使用具有非竞争性；对于“非排他性”，如水资源、空气等公共物品很难界定为私人产权，或即使能够界定，也需要付出巨大的交易成本。公共物品的特性常导致其被过度使用，造成公共资源的耗竭。

公共物品理论强调了公共物品集体行动的困难，说明生态服务的过度使用难以避免。当生态服务的需求者无偿且过度享有生态服务供给的时候，生态服务供给者缺乏足够的激励去保护生态环境、提供生态服务，就会出现“公地悲剧”。此时，需要根据生态服务需求者对生态服务价值的享用情况，对生态服务供给者进行补偿，才能避免资源使用拥挤或退化的问题，保证生态服务源源不断的供给。

3.2 流域生态服务价值供给的补偿理论分析

针对流域生态服务价值供给的补偿，本节首先对流域生态服务价值供给方的供给行为进行分析，明确其供给行为发生的实质；其次，构建相应的模型，描述正外部性的影响并演化正外部性内部化的流域生态服务价值补偿的路径；最后，利用资源保护与补偿模型，确定以生态环境价值作为补偿标准的评估依据。

3.2.1 流域生态服务价值供给方的供给行为分析

流域生态服务价值供给方是指承担流域生态建设和环境保护成本、供给流域生态服务价值的主体。佩吉拉等（Pagiola et al.，2004）认为生态服务价值供给方给社会提供生态服务，带来正的社会收益，负的私人收益，且社会收益和私人收益的总和为正。格雷内尔等（Greiner et al.，2013）认为人类福利受生态服务供给的直接影响，生态服务价值供给方的生态保护和环境修复行为给社会提供了大量的自然资源和生态环境价值，极大提升人类福利。

流域上游作为流域生态服务价值的供给方，其供给的实质是上游居民共同合作供给生态产品的行为。由于生态产品具有非竞争性和非排他性，使上游提供生态服务的私人边际收益小于私人边际成本，因而导致无人或很少人愿意提供生态服务，每个潜在的生态服务价值供给方都会试图“搭便车”。不过，在社会规范、道德观念和集体荣誉的影响下，人们可能会愿意供给生态产品。国外关于公共物品供给的实证研究结果表明，非零值自愿供给公共物品的现象是显著且稳健的，公共物品的供给量约为最优供给量的40%～60%（莱德亚/Ledyar，1997）。实验经济学研究还表明，现实中存在部分公共物品供给者具有自愿提供公共物品的合作行为（陈叶烽等，2010）。因此，“搭便车”现象在某种程度上是存在的，但仍存在部分生态服务价值供给方愿意无偿提供生态服务。

流域生态服务价值供给方会采取一些保护流域生态环境的行为，如植树造林、减少污水排放等。供给方的生态保护行为会产生外部经济，即其不仅无法获得生态保护产生的所有社会收益，还需承担生态保护产生的社会成本。尤其是流域上游地区通常是一些经济发展水平较为落后的地区，其保护生态环境的行为制约了经济发展，付出的成本得不到合理补偿。在生态保护成本无法得到合理补偿的情况下，由于上游居民在生态保护活动中追求的是私人收益最大化，就会相应减少这种产生正外部性的活动或行为，导致生态环境保护和生态服务供给不足。

假设存在 n 个生态服务生产者（其中 $n = 1,2,\cdots,n$ ），生产者直接供给私人物品 X_n^s ，且私人物品供给影响生态服务供给 Q^s ，即生产者是通过私人物品的供给过程影响生态服务供给，不直接对生态服务供给产生影响。则生产可能性集合为（X_n^s，Q^s）$\in Y_n^s$，其中Y_n^s是生产者n所有可能提供的物品组合。当私人物品给定价格P^s、生态服务免费提供时，生产者n的利润为：

$$\pi = P^s X_n^s \tag{3-1}$$

进一步假设存在一个流域生态服务虚拟交易市场，即对生产者而言，存在一个生态服务价格P_Q^s，此时，生产者n的利润为：

$$\pi = P^s X_n^s - P_Q^s Q^s \tag{3-2}$$

由式（3-2）可知，若生态服务价格P_Q^s非负，则Q^s代表生产者在私人物品的生产过程中对生态服务造成的污染和损害的数量。在生态服务的交易市场中，当生产者的生产活动造成的污染和损害的数量或代价越大时，即Q^s或P_Q^s越高，其利润越低。最大化生产者的利润，可得到其私人物品和生态服务净供给：

$$\overline{X_n} = X(\overline{P^s}, \overline{P_Q^s}) \tag{3-3}$$

$$\overline{Q_n} = Q(\overline{P^s}, \overline{P_Q^s}) \tag{3-4}$$

式（3-3）和式（3-4）衡量了生产者的私人物品和生态服务供给水平，其中$\overline{P^s}$代表生产者提供私人物品的边际价格，$\overline{P_Q^s}$代表生产者对损害生态服务的边际付费价格。

3.2.2　流域生态服务价值补偿的途径：外部性内部化

根据流域生态服务价值的分析，实施生态服务价值补偿的目标是“通过对流域上游进行补偿，激励当地的生态保护行为”。要对流域上游地区进行补偿，必须明确补偿的具体实现过程。本书借鉴黄有光和张定胜（2008）研究负外部性存在时的竞争均衡非帕累托最优问题的思路，数理推导了上游供给的生态服务价值外部性内部化的作用机理，描述正外部性的影响，明确补偿的途径。

1. 正外部性影响

在流域生态服务价值补偿中，本质上有两个行为主体——流域上游与流域下游，假设其分别为$i=1$、$i=2$且行为不影响价格$p \in R^n$，预算约束为D_i。与经典的竞争模型不同，生态环境领域的供给与需求问题还需要考虑生态环境保护行为产生的生态环境要素es，通常用$B_i(x_{1i}, \cdots, x_{mi}, es)$代表行为主体$i$的效用函数。若 $\partial B_2(x_{1i},\cdots,x_{mi})/\partial es \neq 0$，则行为主体2的效用受到行为主体1与生态环境要素相关的行为的直接影响，出现外部效应。当 $\partial B_2(x_{1i},\cdots,x_{mi})/\partial es > 0$ 时，说明竞争经济中出现正外部性，行为主体1和2分别是正外部性的供给方和需求方；反之，则出现负外部性。显然，运用至流域生态系统中，流域上游作为行为主体1，主要负责改善流域生态环境质量，即流域上游提供生态系统服务产生的 es，不仅增加了自身的效用，还通过环境要素的外溢性提高了流域下游的效用。因此，在流域上游保护和改善生态环境的作用过程中，存在 $\partial B_2(x_{1i},\cdots,x_{mi})/\partial es > 0$ 的正外部性的特征。

对于正外部性的影响，为简便起见，将行为主体 i 的效用函数都界定在 es 上，可通过在既定价格 p 和预算约束 D_i 下优化商品和服务的组合以实现效用函数的最大化，具体可表示为：

$$\pi_i(p,D_i,es) = \max_{y_i \geqslant 0} B_i(x_i,es)$$
$$\text{s.t.} \quad p \times x_i \leqslant D_i \tag{3-5}$$

进一步将式（3-5）的 $\pi_i(p,D_i,es)$ 简化为 $v_i(es)$，假定效用函数 $v_i(es)$ 存在最大值，则 $v_i(es)$ 二次可微且 $v''_i(es) < 0$。

假定经济实现了竞争均衡，即在既定价格 p 和预算约束 D_i 下，每个行为主体 i 都实现效用最大化。考虑正外部性供给者行为主体1在效用最大化条件下的均衡 es^* 值，其必须满足充分必要条件：

$$v'_1(es^*) \leqslant 0, es^* > 0 \text{ 时 } v'_1(es^*) = 0 \tag{3-6}$$

得到内点解的情形下 $v'_1(es^*) = 0$。

对于实现帕累托最优水平的 es^0，必须使两个行为主体的联合效用最大化，即求解问题 $\max\limits_{es \geqslant 0}[v_1(es) + v_2(es)]$，$es^0$ 满足充分必要条件：

$$v'_1(es^0) + v'_2(es^0) \leqslant 0, es^0 > 0 \text{ 时 } v'_1(es^0) + v'_2(es^0) = 0$$
$$v'_1(es^0) \leqslant -v'_2(es^0)0, es^0 > 0 \text{ 时 } v'_1(es^0) = -v'_2(es^0) \tag{3-7}$$

得到内点解的情形下 $v'_1(es^0) = -v'_2(es^0)$。

由上述分析可知，除非 $es^* = es^0 = 0$，否则 es 的均衡水平 es^* 永远不是帕累托最优，亦即竞争均衡条件下，行为主体1提供的生态环境要素 es 与整个经济系统效用最大化所要求的供给量并不相等，内点解情形下集合（es^*，es^0）中所有值都大于0。

在行为主体1产生正外部性的情形下，因为对于所有的 es 都有 $v'_2(es) >$

0，所以帕累托最优的内点解 $v'_1(es^0) = -v'_2(es^0) < 0$；又因为行为主体1均衡的内点解 $v'_1(es^*) = 0$，所以 $v'_1(es^0) < v'_1(es^*)$，这在边际效用递减的前提下说明 $es^0 > es^*$，即 es 的帕累托最优水平大于其竞争均衡水平，生态环境要素的供给小于其社会最优水平。

可见，由于流域上游的生态环境要素供给存在正外部性，使其市场条件下实际供给水平低于实现社会效用最大化所要求的供给水平，导致生态环境要素供给的经济效率低下，造成流域上游、生态服务价值供给方与流域下游、生态服务价值需求方之间经济利益关系的扭曲。

2. 正外部性内部化的生态服务价值补偿路径

生态环境保护过程中产生的正外部性使竞争市场均衡水平偏离社会最优水平，为实现生态环境供给的帕累托最优，在外部性理论下主要采用庇古税和科斯产权两种基本路径。鉴于当前我国大部分生态补偿以转移支付为主，而生态补偿转移支付是庇古税的主要模式，以下重点分析庇古模式的正外部性内部化的补偿路径。

假设流域上游每生产1单位的 es，流域下游都给予上游生态服务价值补偿的转移支付 S，令 $S = v'_2(es^0) > 0$，会使流域上游选择生态环境要素供给的最优正外部性水平，因为此时上游面临的问题是：

$$\max_{es\geq 0}[v_1(es) + S \times es] = \max_{es\geq 0}[v_1(es) + v'_2(es) \times es] = \max_{es\geq 0}[v_1(es) + v_2(es)] \tag{3-8}$$

对应于式（3-8），其充分必要条件为：

$$v'_1(es) \leq -S, es > 0 \text{ 时 } v'_1(es) = -S \tag{3-9}$$

令 $S = v'_2(es^0) > 0$，结合式（3-8），则 $es = es^0$ 满足式（3-9）的要求；同时令 $''v_1(es) < 0$，则式（3-9）有唯一解 es^0。

当流域上游面对 $S = v'_2(es^0) > 0$ 的供给补贴时，其成本效益的计算结果必然是将作用于流域下游或社会大众的正外部性内部化，从而实现经济社会生态环境的帕累托最优供给水平 es^0。

综上所述，由于流域上游生态环境资源保护的正外部性的存在，使生态环境的实际供给水平低于实现社会效用最大化所要求的供给水平。正外部性消费者的边际效益的转移支付的施加，能够将正外部性内部化，实现经济社会的生态服务价值帕累托最优供给。

3.2.3 流域生态服务价值供给的补偿标准评估依据：生态环境价值

流域生态服务价值供给的补偿标准的合理确定是实施流域生态服务价值补偿的重点。借鉴菲谢尔（Fischel，1987）的土地使用管制模型，对流域生态服务价值供给的补偿标准进行评估。

如图 3－3 所示，LL′、MM′、NN′分别代表资源保护者每提高一单位的资源保护程度而增加的边际社会效益，增加的社会成本以及带给自身的内部效益等变化量。根据供需理论，LL′即为社会对于生态资源保护的需求曲线，其与生态资源保护程度（横轴）之间的面积代表社会对于生态资源保护程度变化的意愿支付；MM′即为资源保护主体对生态资源保护的供给曲线，保护者边际内部成本等于资源保护的边际社会成本，其与生态资源保护程度（横轴）之间的面积代表资源保护主体由于生态资源保护程度变化所遭受的净损失，也是资源保护主体为保护生态资源付出的机会成本。图 3－3 中，MM′和 NN′的交叉点 X_1 是资源供给者在没有人管制的情况下，不考虑资源的边际社会效益做出的决策，此时，边际内部成本等于边际内部效益，资源供给者的利润实现最大化。LL′与 MM′的交叉点 O^* 代表社会最优的资源保护程度，是政策决定者的目标。实施流域生态服务价值补偿的目标是使流域上游资源保护程度由 X_1 到达效率点 O^*，按此要求，必须对资源保护者进行如图中 A 或 A＋B 的补偿。补偿 A＋B 时，是对资源保护者供给的所有生态环境价值进行补偿，货币化后即为生态保护行为的生态环境价值；补偿 A 时，是对生态保护者提供的生态环境价值剔除自身消费的基础上进行补偿，货币化后即为生态保护行为的生态外溢环境价值。

至于补偿 A 还是 A＋B，萧代基等（2005）提出，最终的补偿标准取决于生态环境价值供给方与需求方的谈判能力。本书认为，在目前生态服务价值补偿机制不健全的背景下，流域生态服务价值需求方对供给方给予补偿的不作为，对供给方的生态保护行为造成巨大影响，需求方具有“不补偿”的强势威胁，在谈判中处于优势地位。此外，根据伏润民和缪小林（2015）的分析，基于供给与消费的视角，当供给主体在剔除自身消费后还能够向全社会提供其剩余生态价值，即存在生态外溢价值，供给主体在保护环境过程中遭受的损失应得到补偿，激励其更好地保护生态环境，提升行为的边际收益。因此，综合考虑，流域生态服务价值的补偿标准应以生态环境价值为依据，为实现社会公平对流域上游补偿A。

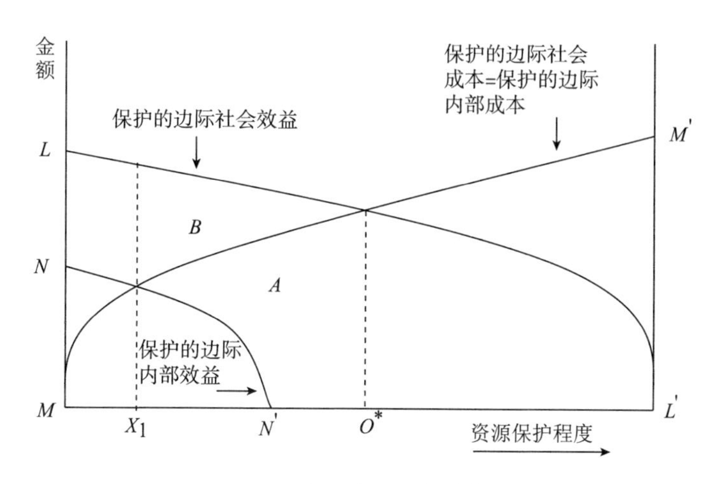

图3-3　资源保护与补偿模型

3.3　流域生态服务价值需求方的支付意愿理论分析

流域生态服务价值需求方的支付意愿是流域生态服务价值补偿中的另一重要问题。随着生态破坏和环境污染问题的日益严峻，使用者付费的意识逐渐产生，生态服务价值补偿中“谁受益、谁付费”原则也随之产生，此处的“受益”是指生态服务价值需求方享有供给方供给的生态服务价值。首先，需求方的消费者行为对生态服务价值具有重要影响，直接影响流域整体效用水平；其次，需求方的支付意愿取决于改善的生态服务带来的消费者效用变化，只有供给方增加生态服务价值的供给，需求方才具有对改善的生态服务付费的动机；最后，支付意愿测度方法的选择与测度体系的建立直接影响支付意愿测度结果的准确性，对测度方法的适应性进行比较，明确测度体系的理论基础，有利于获取流域生态服务价值需求方的真实支付意愿。

3.3.1　流域生态服务价值需求方的消费者行为分析

在实践中，流域生态服务价值的需求方作为享有生态服务正外部性的主体，通常无须给生态服务价值的供给方付费。随着生态服务价值供给方发展经济与保护环境的矛盾加剧和人们对生态服务价值认识的加深，越来越多的流域生态服务价值需求方愿意为享有流域生态服务价值付费，以补偿供给方为保护环境付出的成本或遭受的损失。

消费者对私人物品和生态服务都有需求。假设有 m 个消费者，消费者效用是人们对私人物品和生态服务净需求的集合，因此，消费者的效用函数可表示为：

$$U_m = u(X_m^d, Q^d) \tag{3-10}$$

式（3-10）中，X_m^d 代表消费者 m 的私人物品消费量，Q^d 代表消费者获得的生态服务水平。该效用函数具有递增、可微和准凹的特性。

假定个体对不同的私人物品净需求具有偏好，且私人物品的市场价格为 P^d，消费者面临的预算约束为：

$$P^d X_m^d \leqslant W_m \tag{3-11}$$

式（3-11）中，W_m 代表消费者 m 的财富水平，消费者购买的所有私人物品的货币价值 $P^d X_m^d$ 不能高于其自身的财富水平 W_m。此时，消费者行为的效用最大化问题可表示为：

$$\max U_m = u(X_m^d, Q^d)$$
$$\text{s.t.} \quad P^d X_m^d \leqslant W_m \tag{3-12}$$

在上述分析中，流域生态服务价值供给仅是作为一个参数存在于消费者的效用函数中，即生态服务被隐含的假设为“无偿使用”。进一步假设存在一个环境管理的公共机构向消费者出售生态服务，即对个人而言，生态服务存在一个交易市场且价格为 P_Q^d，此时，消费者面临的预算约束为：

$$P^d X_m^d + P_Q^d Q^d \leqslant W_m \tag{3-13}$$

在式（3-13）的预算约束下最大化消费者效用，就能够得到消费者对私人物品和生态服务的净需求为：

$$\overline{X_m} = X(\overline{P^d}, \overline{P_Q^d}, W_m) \tag{3-14}$$

$$\overline{Q_m} = Q(\overline{P^d}, \overline{P_Q^d}, W_m) \tag{3-15}$$

式（3-14）和式（3-15）衡量了消费者对私人物品和流域生态服务的需求，其中 $\overline{P^d}$ 和 $\overline{P_Q^d}$ 分别代表消费者对私人物品、改善的流域生态服务的边际付费意愿。

3.3.2 流域生态服务价值需求方的支付意愿分析

流域生态服务价值需求方的支付意愿是指需求方为获取流域生态服务价值愿意且有能力支付的费用。需求方的支付意愿取决于生态服务改善所带来的价值增加，只有供给方改善生态服务、增加生态服务价值供给，需求方才具有对生态服务价值付费的动机，才愿意为生态服务价值进行支付。

作为理性经济人，流域生态服务价值需求方总是会选择他们能负担的最佳物品组合。假设需求方可选择两类物品：一类是经济产品 G ，另一类是生态产品（流域生态服务） E 。两类产品都能够给消费者带来正的效用。如图 3－4 所示，横轴和纵轴分别代表生态产品 E 和经济产品 G 的消费水平。若消费者的初始商品组合为 (G_0, E_0) ，则 A 点 (G_0, E_0) 的商品组合无差异曲线为 W_0 ，所有商品组合在 W_0 上都具有相同的效用水平。假设流域生态服务价值供给水平从 E_0 提高至 E_1 ，则消费者的总效用水平在其经济产品消费不变的情况下得到提高，即达到无差异曲线 W_1 代表的效用水平。可见，在预算约束不变的条件下，若流域生态服务是免费的，消费者的效用水平会显著提高。但若存在一个特殊的机构（例如政府）负责对享有流域生态服务价值的消费者收费，那么消费者为获得改善的流域生态服务，在预算约束不变的条件下将会减少经济产品 G 的消费水平。

在图 3－4 中，当商品组合由 A 点 (E_0, G_0) 变为 C 点 (E_1, G_1) 时，消费者的总效用水平不变，生态产品消费水平由 E_0 提高至 E_1 ，经济产品消费水平由 G_0 下降至 G_1 。换言之，理性的消费者愿意减少 $G_0 - G_1$ 经济产品的消费量，享有增加的 $E_1 - E_0$ 的流域生态服务价值，$G_0 - G_1$ 即为消费者为获得改善的流域生态服务 $E_1 - E_0$ 的真实支付意愿。若给定经济产品 G 的价格水平为 P ，则能够得到消费者为享有流域生态服务价值所愿意支付的货币值为 $P(G_0 - G_1)$ 。

新古典福利经济学认为消费者的公共物品效用函数是间接函数的形式，流域生态服务价值需求方的间接效用函数为：

$$U(Y, R, X, Q^s) \tag{3-16}$$

式（3－16）中，Y 代表消费者的家庭收入水平，R 代表消费者的社会经济特征因素，X 代表消费者消费的商品数量，Q^s 代表流域生态服务价值供给水平。

一般情况下，消费者收入水平越高，消费的商品数量越多，获得的效用水

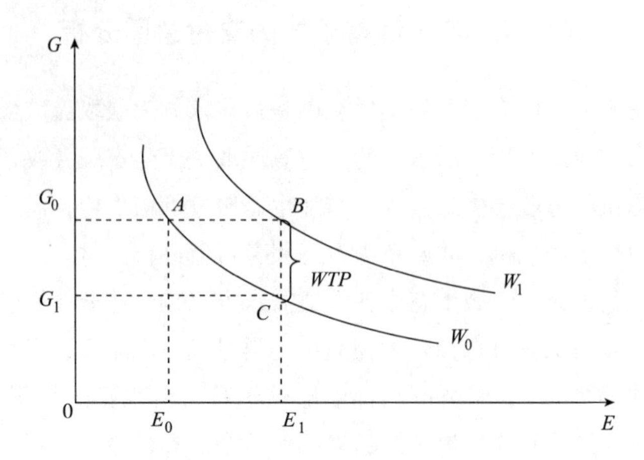

图 3-4 支付意愿的无差异曲线分析

平越高。假设增加流域生态服务价值的供给，消费者在流域生态服务价值供给水平为 Q_1^s 时的效用水平要高于 Q_0^s 时的效用水平，则：

$$U(Y,R,X,Q_0^s) < U(Y,R,X,Q_1^s) \quad (3-17)$$

比较两种流域生态服务价值供给水平 Q_0^s 和 Q_1^s 的效用，既然更高供给水平的效用更高，那么就有理由相信消费者愿意为提高效用水平支付一定费用，且由于边际效用递减法则，消费者支付的越多，得到的边际效用越少。其支付意愿可表示为：

$$U(Y,R,X,Q_0^s) = U(Y-P_{WTP},R,X,Q_1^s) \quad (3-18)$$

其中，P_{WTP} 为补偿变量，用来衡量效用变化，代表消费者为获得更高水平的生态服务价值所愿意支付的最大金额。将 P_{WTP} 视为一个投标函数，且消费者的最大支付意愿受到支付能力的约束，最大支付意愿不能高于其收入水平，可表示为：

$$P_{WTP} = P(Y,R,X,Q_0^s,Q_1^s) \leqslant Y \quad (3-19)$$

由于无法提供效用的非市场公共物品可以直接忽略，因此流域生态服务公共物品的支付意愿是非负的，最终的支付意愿投标函数为：

$$0 \leqslant P_{WTP} = P(Y,R,X,Q_0^s,Q_1^s) \leqslant Y \quad (3-20)$$

3.3.3 流域生态服务价值需求方的支付意愿测度体系设计

流域生态服务价值需求方的支付意愿通常利用假想市场法进行测算，主要包括条件价值法（contingent valuation method，CVM）和选择实验法（choice experiments，CE）两种方法。CVM的运用成熟、影响较大；CE在国际上应用较多、在我国刚刚兴起。CVM主要通过利用调查问卷，采用不同技术直接引导受访者对增加环境效益或减少环境危害的不同选择所愿意支付或接受的价格。CE是将所要研究的环境物品或政策用一组特征属性和这些属性的不同水平来描述，受访者只需在假设情景下，从一个由研究对象的所有属性的不同水平组成的选择集合中选择其认为最优的一个备选方案，通过一系列选择估测受访者的支付意愿。

对于CVM，虽然该方法由于自身的缺陷，存在策略性偏误、信息偏误、起始点偏误、假设偏误、嵌入性偏误等问题，但许多学者认为可以通过设计良好的问卷将这些偏误降至最低程度，且CVM相较于其他方法，具有不受现有资料限制、调查可依据时间和经费的多寡进行等优势。对于CE，虽然学者们普遍认为其具有能够兼顾整体情景的同时，研究情景中要素变化对个人选择的影响；比CVM更充分地揭示出消费者的偏好信息，是CVM发展过程中出现的一种改善方法（Garrod et al.，1999）；向受访者提供多个备选方案，使其自动进行互补与替代效应的权衡比较，更加贴近真实等优点（汉利/Hanley，2001）；但是，仍然存在研究复杂性较大、受访者认知困难较大等缺点。因此，基于CVM与CE的优缺点及应用实践，同时采用两种方法，对比、验证调查结果，并选出流域生态服务价值需求方更真实的支付意愿，设计科学、合理的支付意愿测度体系。

CVM与CE中测度支付意愿的理论基础是希克斯（Hicks）提出的人类福利计量的两个重要指标：补偿变差（compensation variation，CV）和等量变差（equivalent variation，EV）（贝特曼/Bateman，2002）。补偿变差CV是指在价格变化后，消费者若要保持价格变动之前的效用水平所需要提取或给予的货币量；等量变差EV是指在现行价格下，消费者要达到价格变动后的效用水平所需要提取或给予的货币量。CVM与CE测度的是希克斯消费者剩余，CV和EV都是由公共物品供给改变引致的（贝特曼等/Bateman et al.，1993）。根据新古典经济学对消费者间接效用函数的设定，假定消费者对于经济物品X和生态产品Q的支出函数为：

$$E = e[P, Q, U(X, Q)] \tag{3-21}$$

假定两个时期1和2。在时期1，经济物品价格、生态产品供给量、消费者收入水平、效用水平分别为 P_0 、Q_0 、Y_0 、U_0 ；在时期 2，对应的量分别为 P_1 、Q_1 、Y_1 、U_1 ，则补偿变差 CV 和等价变差 EV 可分别表示为：

$$CV = e(P_0, Q_0, U_0) - e(P_1, Q_1, U_0) + Y_1 - Y_0 \quad (3-22)$$

$$EV = e(P_0, Q_0, U_1) - e(P_1, Q_1, U_1) + Y_1 - Y_0 \quad (3-23)$$

韦林格（Wiilig，1976）的研究表明，对于价格变动而言，CV 和 EV 之间的差异较小，且差异大小受商品需求收入弹性影响。兰德尔等（Randall et al.，1980）在韦林格研究的基础上，将价格变动拓展到数量变动，发现在仅考虑收入效应时，CV 和 EV 趋于一致。

对于补偿变差 CV，在图 3－5 中，物品 X_1 的价格由 P_0 下降至 P_1 ，P_0 通过 U_0 上的 A 点，P_1 通过 U_1 上的 B 点，此时消费者只有将收入减少 CV，才能使消费组合变到 C 点，其与 A 点位于同一条无差异曲线上、效用水平与 A 点一样。因此，当价格下降时，CV 表示消费者面对价格下降所愿意支付的最大价值，且不能大于个人收入；当价格上升时，CV 表示为保持效用水平不变而必须补偿的价值，可以大于个人收入。

对于等量变差 EV，在图 3－5 中，给定初始价格，如果收入增加 EV，消费者在 D 点达到 U_1 ，EV 是价格变动后收入的变化量。当价格下降时，EV 是使消费者放弃在较低价格水平购买该商品所必须获得的最低价值。当价格上升时，EV 是消费者为避免价格变动所愿意支付的最大价值。

对于支付意愿 WTP，当价格下降时，CV 是使个人效用水平保持在最初水平时的收入变化量，即价格下降时个人支付的最大货币量；当价格上升时，EV 作为个人最大意愿支付值 WTP，将使价格保持不变。

通过对流域生态服务价值需求方的支付意愿测度方法的分析，确定测度方法为假想市场法中的 CVM 和 CE，测度尺度为希克斯消费者剩余，测度体系如图 3－6 所示。

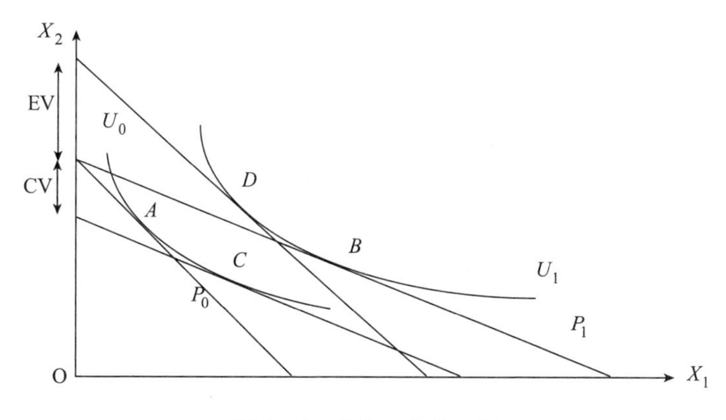

图3-5　价值变化的度量

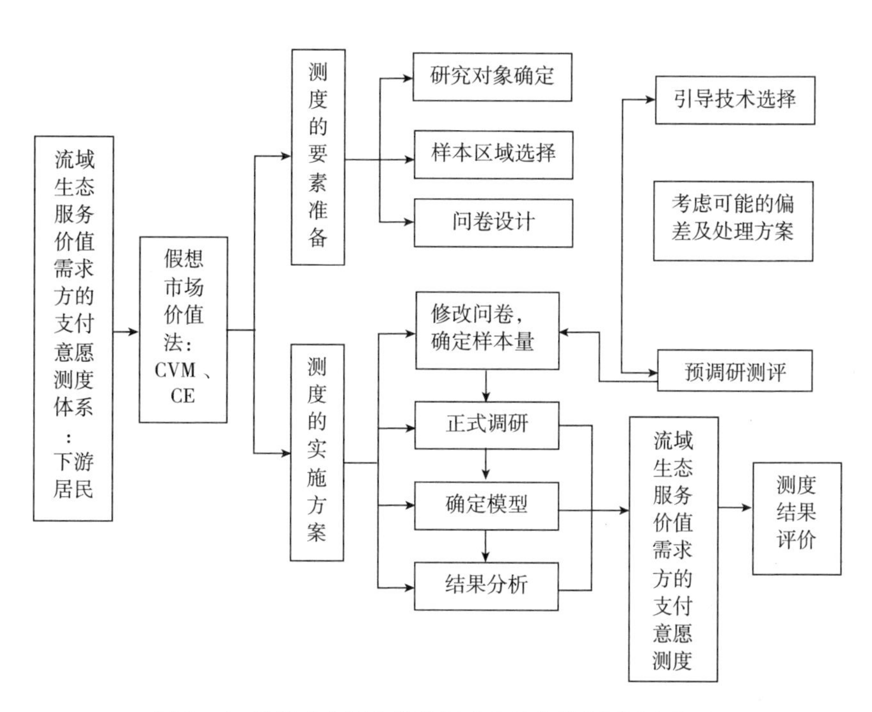

图3-6　流域生态服务价值需求方的支付意愿测度体系

3.4　流域生态服务价值补偿的效用最大化理论分析

流域生态服务价值补偿分摊的合理与否直接决定资源配置的效率与公平，若让任一生态服务价值需求方（中央政府、下游地方政府、下游居民或其他利益相关者）独自承担对上游生态服务价值供给的补偿，都无法实现流域整体效用的最大化。本节针对流域生态服务价值补偿的效用最大化，一是，对效率与公平视角下的效用最大化进行分析；二是，明确基于供给与需求的利益相关者，通过构建效用最大化模型确定流域生态服务价值补偿中的效用最大化。

3.4.1 效率与公平视角下的效用最大化：基于公共物品

要达到社会整体效用的最大化，不能一味追求经济效益，还需要考虑社会公平，讲求社会效益和环境效益，即要从效率与公平统一的视角出发，以社会全体成员效用最大化为目标，综合考虑经济效益、社会效益和环境效益的实现（高群，1988；彭开丽，2008）。

由图3－7可知，资源在市场经济条件下进行配置，但若缺少政府的宏观调控和社会公众的参与，则会出现效率低下、分配不公平、部分人效用下降和环境破坏等问题。需要以效用最大化为指导原则，将市场机制、政府调控和社会选择有机结合在一起，同时兼顾效率与公平，达到资源的最优配置，最终实现流域整体效用最大化的目标。

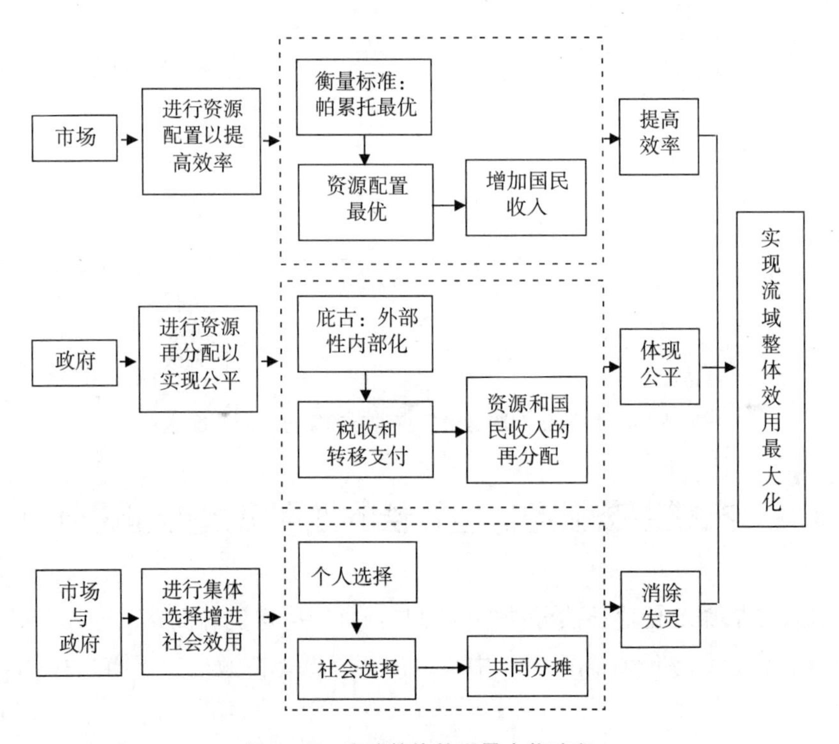

图3－7 流域整体效用最大化流程

由于大部分流域生态服务都属于公共物品，在使用过程中经常遭遇“搭便车”“公地悲剧”等问题。为实现流域整体效用最大化，依据公共物品理论，构建流域上、下游间分工与合作模型，探讨效率与公平视角下的效用最大化。

假设中央政府要求流域上、下游地区基于自身资源禀赋的比较优势开展不同的生产活动，上游地区 A 具有生产生态产品的比较优势，其基于自身的资源禀赋主要从事生态环境的再生产活动，为社会提供生态产品和服务，生态产品与服务属于公共物品①；下游地区 B 具有生产经济产品的比较优势，其基于自身的资源禀赋主要从事经济产品的再生产活动，为社会提供生产资料（张金泉，2007）。生产生态产品和经济产品的劳动之间通过价值交换和实物补偿，形成区域分工和协调发展，提高全社会生产活动的效率（金波，2011）。为集中分析两种产品的供给，进一步假设两地区的人口偏好相同，并具有相同的无差异曲线。同时假设两种产品之间不存在交易费用和运输成本，并且生产资料能够在两种产品间自由的无成本转换②。

即在流域上、下游地区处于封闭的条件下，不存在区域合作，上游地区 A 与下游地区 B 的效用无差异曲线与生产约束线如图3－8所示。

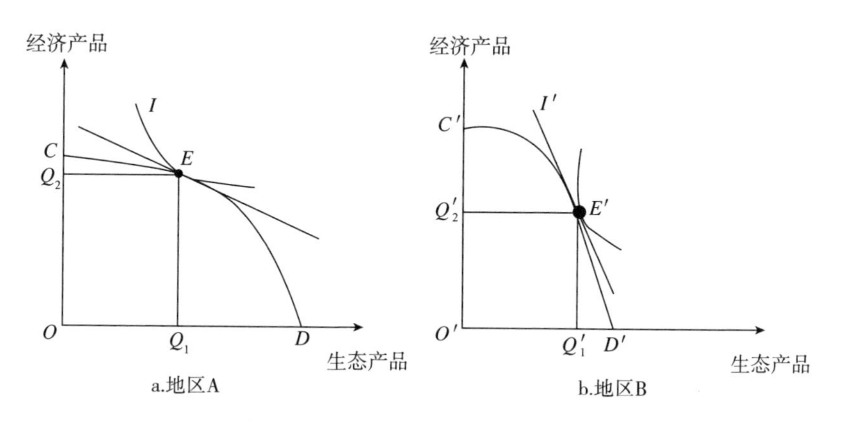

图3－8　封闭条件下生产约束线和效用无差异曲线

---

① 中央政府出于全局利益考虑，对 A 地区的经济发展方式做出禁限措施，强制要求其提供额外的生态产品，因此，A 地区与 B 地区相比，在生产中提供更多的生态产品，这里假定A地区以生产生态产品为主。

② 当模型放松这两种假设条件时，可以看作是产品价格的上升，因此会降低二者的产量，但当二者控制在一定范围内时，仍然可以提高两地区的社会福利水平。

图3-8中，横轴和纵轴分别代表生态产品和经济产品的产量，I 和 I' 分别代表上游地区 A 与下游地区 B 的效用无差异曲线，CD 和 $C'D'$ 分别代表两地区的生产约束线。上游地区 A 和下游地区 B 的居民具有相同的消费偏好，即两地区的效用无差异曲线 I 和 I' 相同。同时，由于上游地区 A 和下游地区 B 分别具有生产生态产品和经济产品的比较优势，其生产约束线分别向生态产品和经济产品方向偏移，也即分别向横轴和纵轴方向偏移。E 和 E' 分别是地区 A 和地区 B 生产和消费的均衡点，两条生产约束线与无差异曲线的斜率就表示生态产品和经济产品的相对价格之比。可知，上游地区 A 的生态产品价格较低，而下游地区 B 的经济产品价格较低，二者各自均衡时的生态产品产量为 Q_1 和 Q'_1，经济产品的产量为 Q_2 和 Q'_2。

进一步假设流域上、下游地区的产品可以自由流动，也即在开放条件下，生态产品和经济产品可以在两个地区自由流动。由于两个地区的两种产品价格存在差异，因此在开放条件下两种商品会自由流动，如图3-9所示。

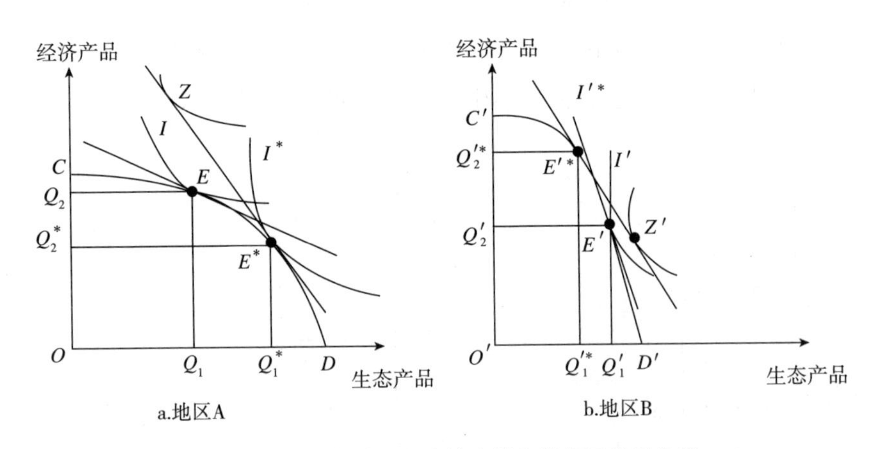

图3-9 开放条件下生产约束线和效用无差异曲线

具体而言，上游地区 A 会为下游地区 B 提供生态产品，下游地区 B 则会为上游地区 A 提供经济产品，这将导致两地区的生态产品与经济产品的价格趋于一致。此时，地区 A 生产生态产品的比较优势进一步发挥，其生态产品的产量进一步增加，由 Q_1 变为 Q_1^*；地区 B 生产经济产品的比较优势进一步发挥，其经济产品的产量 Q'_2 增加为 Q'^*_2。并且通过地区间的交换和贸易，两地区的效应无差异曲线可以超过生产约束线，也即两地区的消费均衡点分别达到 Z 和 Z'。显然，流域间的分工与合作能够充分发挥上、下游地区的比较优势，增加居民的福利水平。

流域间的区域分工主要是为了促进上、下游地区的生态产品与经济产品的合理流动，最大化两地区的整体效益。假设二者都是工业发展的函数，前者是经济建设的减函数，而后者是经济建设的增函数。由于上、下游地区资源禀赋与比较优势的差异，经济建设对两种产品的边际产出是不同的。上游地区 A 具有生态资源的比较优势，而生态资源对经济建设的敏感度比物质资源更强，因此，在相同的经济建设程度下，生态产品的减少程度会远远大于经济产品的增加程度。而下游地区 B 正好相反，在相同的经济建设程度下，经济产品的增加程度要大于生态产品的下降程度，具体如图 3 – 10 所示。

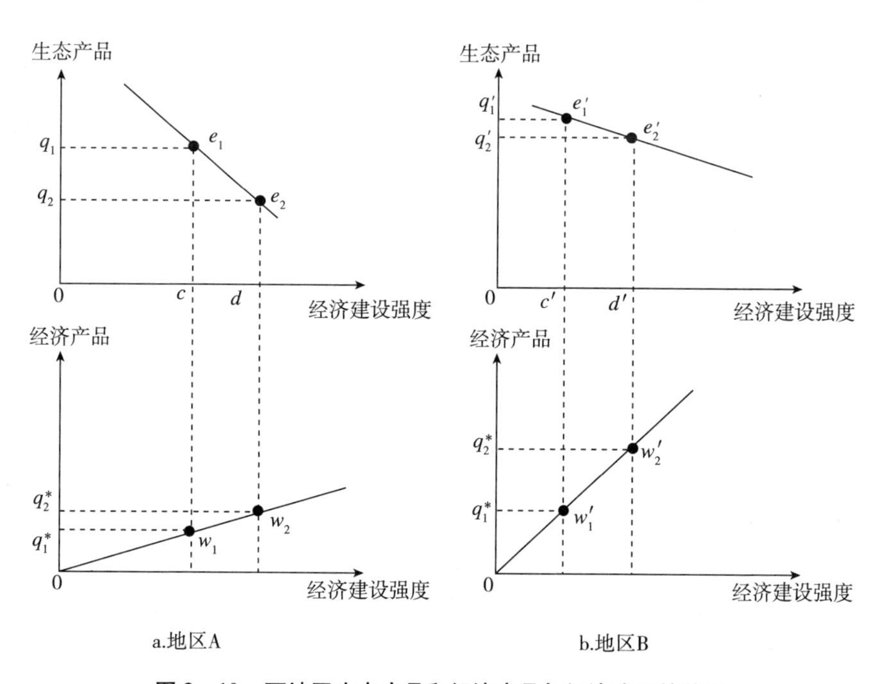

图 3 – 10　两地区生态产品和经济产品与经济建设的关系

就整体效率而言，上游地区 A 与下游地区 B 生产生态产品和经济产品的分工与合作能够实现流域整体效用最大化，A 地区按照国家禁限政策和资源禀赋生产生态产品，保证生态效益最大化，适当减少经济建设，使其在降低较少经济产品的条件下提供更多的生态产品；B 地区按照资源禀赋优先生产经济产品，加强经济建设，提供更多的经济产品，保证经济效益最大化。但也正是因为这种分工的不同，导致流域上、下游地区的社会整体效益与生态效益不同，使区域分工的整体效率提高而公平问题突出。这主要是因为在现行的政治经济体制下，经济产品具有清晰的产权归属，并且能够直接转化为经济价值，而生态产品产权模糊，并且大多数生态产品是典型的公共物品，其具有较强的正外部性，无法进入市场进行自由交易，因此也不能够直接转化为经济效益，大部分生态产品被其他利益相关方无偿享有（李健等，2012）。

就公平而言，由于基于区域合理分工与合作以实现社会效用最大化的要求，上、下游地区主要负责分别生产生态产品和经济产品。而环境公平要求提供生态产品的上游地区应得到相应的补偿与回报，下游地区在享有生态产品的同时理应付出代价即给予补偿。因此，在市场机制失灵的条件下，为保证上、下游形成合理的合作范式，政府应制定一定的制度，合理配置生态产品与经济产品，协调效率与公平的矛盾，实现流域生态保护与经济发展的协调。而建立流域的生态服务价值补偿机制是解决生态产品外部性的有效途径，也是实现流域生态与经济协调发展的重要举措。但是，现阶段由于地方政府是有限理性的，其为了实现本地区效益最大化，很难形成合理的生态服务价值补偿机制，这就需要国家运用行政手段进行调控，对生态服务价值的供给者给予补偿，同时兼顾效率与公平，达到资源的最优配置，最终实现区域经济发展和生态环境保护的协调、流域整体效用最大化的目标。

3.4.2 流域生态服务价值补偿的效用最大化

1. 基于供给与需求的利益相关者

利益相关者是指能够影响组织目标的实现或被组织目标实现所影响的群体或个人，又叫作权利主体或涉益者（谭术魁等，2009）。根据“谁受益，谁补偿；谁保护，谁受偿”的生态补偿原则，可以对流域生态服务价值补偿中的受偿主体和补偿主体进行界定。

对于受偿主体，依据流域内供给生态服务价值、进行生态环境保护与建设的个体种类，主要包括上游地方政府、上游企业和上游居民三大类。其中，上游地方政府主要负责工程治理，例如大规模的水资源治理、植树造林、河道整治等，其为生态环境保护与建设投入和牺牲了大量成本；上游相关企业在政策的影响下，主要会产生关停、转产、新增环保设备等变化，对其补偿可以根据关停损失、新增环保费用等直接进行一次性弥补；区域的实质是人，无论是生态环境保护、建设、维护的进行，还是工业企业、城镇化建设等的限制，最终的行为人和受影响者就是上游居民，不对上游居民进行补偿，不调动上游居民的积极性和主动性，生态服务价值供给的提高就无从谈起。考虑到流域生态服务价值供给的过程中，无论是工业产业的限制还是基础设施建设上，其实质均是提高生态服务价值的供给和对当地社会经济发展的约束，最终且最主要的受影响者乃是流域上游居民。因此，流域生态服务价值的主要贡献人是流域的上游居民，流域生态服务价值补偿中的受偿主体应为流域上游居民。

对于补偿主体，由于生态服务价值的需求者众多，学者们根据不同的研究对象和研究目标对补偿主体有不同的界定。丛等（Cong et al.，2015）对多方利益相关者的成本与收益进行分析，认为补偿主体主要包括当地政府、下游水资源使用者、全球受益者；沈满洪和高登奎（2009）从社会公平与效率的视角出发，认为随着水资源产权的明晰与社会的公平与稳定问题变得突出，在中期补偿主体应包括流域内的最高政府、中下游区域政府与居民；马爱慧等（2012）认为生态补偿中的补偿主体具体是指中央政府、地方政府和市民（消费者）。借鉴已有学者的研究与结合本书的研究目标，考虑到区域的实质是人，不调动下游居民的积极性和主动性，补偿资金的筹集就很受限制，且由于企业处于生态服务价值补偿利益相关者中较为边缘的位置，经济利益性、参与度及影响力均比较低，属于潜在的利益相关者（龙开胜等，2015），同时考虑到中央与地方政府对生态服务价值补偿的核心影响力与参与度，因此确定本书的补偿主体主要是对流域生态服务价值具有直接需求、与流域生态服务价值补偿行为存在密切利益关系的核心群体，具体包括中央政府、下游地方政府、下游居民。

因此，本书的受偿主体为流域生态服务价值的供给方——流域上游居民；补偿主体为对流域生态服务价值具有直接需求、与流域生态服务价值补偿行为存在密切利益关系的群体——中央政府、下游地方政府、下游居民。

2. 流域生态服务价值补偿的效用最大化

流域生态服务价值补偿的合理与否决定了资源配置的公平与效率，若是让中央政府或地方政府或下游居民独自承担对流域上游的补偿，都会造成补偿主体的负担过重而无力承担，造成流域整体效用的下降；若是不对流域上游供给的生态服务价值给予足额补偿，则会导致区域间不公平问题突出、上游居民对保护和建设生态环境缺乏动力，甚至违背中央意图，以环境破坏为代价实现经济发展。不论是哪种情况，都会造成效用低下。因此，有效协调供给方与需求方之间的关系，兼顾效率与公平，通过资源的最优配置实现流域整体的效用最大化是流域生态环境保护亟须解决的问题。

假设对于每一个权利主体，其效用由两部分决定：自身拥有的资源禀赋 L（如土地数量、水资源等）和主体自身特征 a（年龄、受教育程度、收入水平等)。由于中央政府是社会整体利益的维护者，其决策目标是实现社会整体效用的最大化，所以认为中央政府的效用水平代表社会总效用 $U_{总}$，且等于其他所有权利主体的效用之和。同时，参照彭开丽等（2009）构建的不同权利主体的效用最大化模型，基于兼顾公平与效率的考虑，可以构建流域整体社会效用最大化的目标决策函数，且该函数是所有权利主体效用水平的增函数，具有连续、单调递增的特性。

$$\begin{aligned} \max U_{总} &= \mathrm{Max} U_{上居} + U_{下政} + U_{下居} \\ &= \max[U_{上居}(Q_t, X_{上居}, a_{上居}) + U_{下政}(Q_{t保}, X_{下政}, a_{下政}) + U_{下居}(Q_{t保}, X_{下居}, a_{下居})] \\ \text{s.t.} \quad & Q_{t+1} = Q_t + Q_{t保} \end{aligned} \tag{3-24}$$

其中，$U_{总}$、$U_{上居}$、$U_{下政}$、$U_{下居}$ 分别代表流域整体、上游居民、下游政府、下游居民的效用水平，Q_{t+1}、Q_t、$Q_{t保}$ 分别代表实施生态保护后、生态保护前、生态保护过程中生产的生态产品，$X_{上居}$、$X_{下政}$、$X_{下居}$ 分别代表上游居民、下游政府、下游居民的经济产品产量，$a_{上居}$、$a_{下政}$、$a_{下居}$ 分别代表上游居民、下游政府、下游居民的主体特征。

为求得流域整体效用最大化，构建拉格朗日函数并进行求解：

$$L = U_{上居}(Q_t, X_{上居}, a_{上居}) + U_{下政}(Q_{t保}, X_{下政}, a_{下政}) + U_{下居}(Q_{t保}, X_{下居}, a_{下居}) + \lambda(Q_{t+1} - Q_t - Q_{t保}) \tag{3-25}$$

对式（3-25）求一阶导，得到：

$$\begin{cases} \dfrac{\partial U_{上居}}{\partial Q_t} - \lambda = 0 \\ \dfrac{\partial U_{下政}}{\partial Q_{t保}} + \dfrac{\partial U_{下居}}{\partial Q_{t保}} - \lambda = 0 \end{cases} \tag{3-26}$$

由式（3-26）得到：

$$\frac{\partial U_{下政}}{\partial Q_{t保}} + \frac{\partial U_{下居}}{\partial Q_{t保}} = \frac{\partial U_{上居}}{\partial Q_t} = \lambda \tag{3-27}$$

由式（3-27）可知，当作为流域生态服务价值供给方的上游居民实施生态保护，生产出的生态产品由需求方的下游政府和下游居民享有进而获得的效用增加量，与流域上游实施生态保护前用相应生产生态产品的资源发展经济所获得的效用增加量相等时，流域整体效用实现最大化。此时，上游地区的资源禀赋用于生产生态产品与用于生态经济产品的收益无差异，实现了资源的最优配置。

进一步将式（3-25）改写为：

$L = U_{上居}(Q_{t+1} - Q_{t保}, X_{上居}, a_{上居}) + U_{下政}(Q_{t保}, X_{下政}, a_{下政}) + U_{下居}(Q_{t保}, X_{下居},$

$$a_{下居}) + \lambda(Q_{t+1} - Q_t - Q_{t保}) \tag{3-28}$$

对式（3－28）求一阶导，得到：

$$\begin{cases} \dfrac{\partial U_{上居}}{\partial Q_{t+1}} + \lambda = 0 \\ -\dfrac{\partial U_{上居}}{\partial Q_{t保}} + \dfrac{\partial U_{下政}}{\partial Q_{t保}} + \dfrac{\partial U_{下居}}{\partial Q_{t保}} - \lambda = 0 \end{cases} \tag{3-29}$$

由式（3－29）得到：

$$\frac{\partial U_{下政}}{\partial Q_{t保}} + \frac{\partial U_{下居}}{\partial Q_{t保}} = \frac{\partial U_{上居}}{\partial Q_{t保}} - \frac{\partial U_{上居}}{\partial Q_{t+1}} \tag{3-30}$$

由式（3－30）可知，作为需求方的流域下游政府和下游居民因享有供给方的上游居民实施生态保护生产出的生态产品，使其效用增加；流域下游居民由于实施生态保护、限制经济发展，且生产出的生态产品无法进入市场交易，使其为生态保护付出的成本无法得到补偿，其效用减少。为兼顾社会的效率与公平，流域上游在实施生态保护后，中央应将下游地方政府与下游居民获得的收益转移一部分给流域上游居民，即应给予流域生态服务价值供给方公平合理的补偿，才能弥补上游由于实施生态保护而导致的效用的减少。即当效率的提高带来的效用的增加等于公平的降低引致的效用的损失时，方能实现实施生态环境保护的流域整体效用最大化。

同时，由于中央政府也属于享有流域生态服务价值的需求方，且目前实践中的生态补偿大多依靠中央政府的纵向财政转移支付支持，中央政府的财政转移支付作为补偿资金的来源之一，可以保证补偿资金的稳定性和持续性，对生态资源的保护与建设具有极大的促进作用。另外，现阶段以本地区效益最大化为目标的有限理性地方政府很难达成合理的生态补偿机制，需要国家运用行政手段进行调控，对生态服务价值的供给方给予补偿，同时兼顾效率与公平，达到资源的最优配置，最终实现流域整体效用最大化的目标。因此，中央政府也应对流域上游供给的生态服务价值进行分摊。

3.5　流域生态服务价值补偿的理论分析框架

前文基于流域生态服务价值补偿的理论基础，对流域生态服务价值供给的补偿、流域生态服务价值需求方的支付意愿、流域生态服务价值的效用最大化进行理论分析，进而构建一个基于供给与需求的流域生态服务价值补偿的一般分析框架，具体如图 3 – 11 所示。

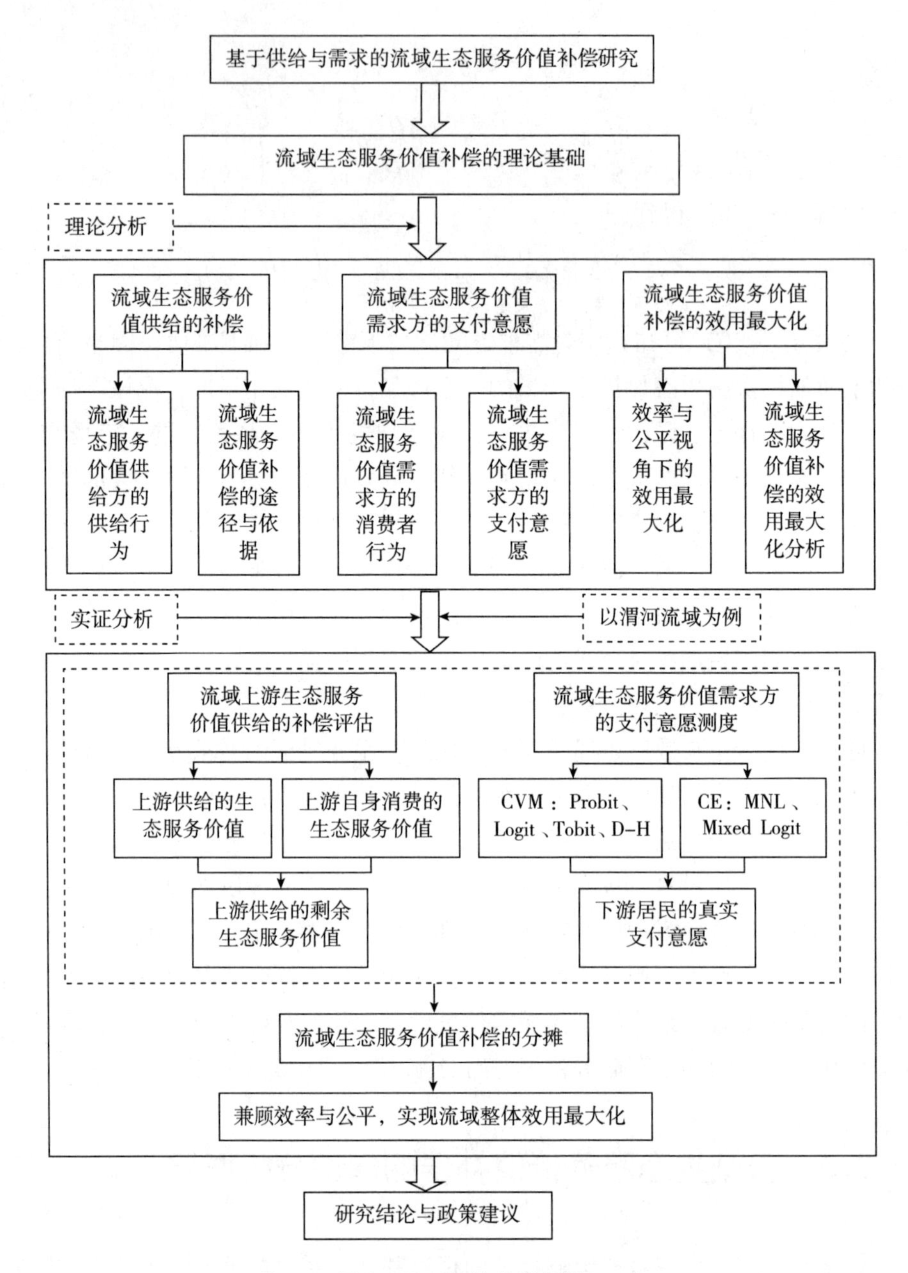

图 3 – 11　理论分析框架

3.6 小结

本章对流域生态服务价值补偿的理论基础进行阐释，在外部性理论、生态环境价值理论以及公共物品理论等理论基础上，对流域生态服务价值供给的补偿、流域生态服务价值需求方的支付意愿、流域生态服务价值补偿的效用最大化进行理论分析，最终构建一个基于供给与需求的流域生态服务价值补偿的分析框架。

对于流域生态服务价值供给的补偿，首先，对流域生态服务价值供给方的供给行为进行数理分析，明确只有在流域生态服务价值供给方保护生态环境的供给行为得到合理补偿的前提下，才可避免出现生态环境保护和生态服务供给不足的情况；其次，基于数理分析，发现生态环境保护正外部性的存在会导致生态环境要素的实际供给水平低于社会效用最大化所要求的供给水平，对供给者进行补偿能够将正外部性内部化，实现经济社会生态环境的帕累托最优供给；最后，构建资源保护与补偿模型，得到流域生态服务价值供给的补偿标准是供给主体剔除自身消费后向流域下游提供的剩余生态服务价值。

对于流域生态服务价值需求方的支付意愿，首先，对流域生态服务价值需求方的消费者行为进行数理分析，明确消费者可在预算约束下实现消费者效用最大化；其次，基于数理模型，分析流域生态服务价值需求方的支付意愿，得到其最终支付意愿投标函数；最后，以假想市场价值法中的条件价值法和选择实验法测度流域生态服务价值需求方的支付意愿，通过对希克斯消费者剩余变化的度量，得到流域生态服务价值需求方支付意愿的测度体系。

对于流域生态服务价值补偿的效用最大化，首先，依据公共物品理论，构建流域上、下游间分工与合作模型，探讨效率与公平视角下的效用最大化，认为国家应运用行政手段进行调控，对生态服务价值的供给者给予补偿，在兼顾效率与公平的基础上达到资源的最优配置，最终实现流域整体效用最大化的目标；其次，对供给与需求视角下的利益相关者进行分析，确定中央政府、下游地方政府和下游居民这三类对流域生态服务价值具有直接需求的群体作为补偿主体，并构建流域生态服务价值补偿的效用最大化理论模型，得到使流域效用最大化的三类补偿主体的分摊决策。

第4章

流域上游生态服务价值供给的补偿评估

流域上游因服从当地保护水源的目标而限制当地经济发展，付出高昂的环境保护成本，而所产生的生态服务价值由全民无偿享有，下游在无偿享有上游提供的良好生态服务的同时还不断发展社会经济，这必将导致上、下游间的矛盾。要保证流域生态保护政策的实施不引起上游的抵抗情绪，以及引导上游进行生态环境的保护与建设，就必须按照外部性内部化的理论要求，对上游因实施流域生态保护所供给的生态服务价值进行补偿。本章依据第3章对流域生态服务价值的供给行为、补偿途径与评估依据的分析，以渭河流域为例，分别利用当量因子法、机会成本法与能值分析法测度渭河上游生态服务价值的供给，并利用水足迹法剔除上游自身消费的生态服务价值，得到上游供给的剩余生态服务价值，并通过对三种方法的比较确定最终应对上游补偿的数额。对上游供给的生态服务价值进行足额补偿，可保证流域整体发展的公平与效率，有效激励上游维护流域生态环境和生态安全。

4.1 研究区域概况

4.1.1 研究案例选择

渭河是黄河第一大支流，发源于甘肃省渭源县的鸟鼠山，由陕西省潼关汇入黄河。流域总面积为134766平方公里，流域包括甘肃、宁夏、陕西三省区，其中甘肃占44.1%、宁夏占5.8%、陕西占50.1%。由于宁夏占比较低，因此重点考虑甘肃和陕西之间的生态服务价值补偿。根据2005年国家发展改革委农村经济司发布的《渭河流域重点治理规划》，上游区域包括甘肃省的天水市和定西市，中、下游区域包括陕西省的宝鸡市、咸阳市、西安市、渭南市与杨凌示范区等四市一区。由于本书重点研究流域整体上、下游之间的生态服务价值补偿，因此将渭河流域的中、下游统一视为下游。

渭河干流区域位于全国“两横两纵”城市化战略格局中陇海线横轴的西端，其地域范围与“关中—天水经济区”基本重合，是连接我国西北和中东部的重要通道，在区域经济发展和西部大开发中具有重要作用和战略意义。国家与地方政府将渭河流域综合治理问题列入议事日程，相继制定相关法律法规对渭河流域的生态环境治理与保护做出规定。2005 年国家发展改革委农村经济司发布《渭河流域重点治理规划》指出渭河流域治理开发过程中存在的主要问题，提出治理渭河流域的相关措施；2015 年甘肃省人民政府发布《甘肃省水污染防治工作方案（2015 - 2050）》，提出到 2020 年渭河水系考核断面水质优良比例达到 100% 的控制指标；2015 年，陕西省人民政府办公厅发布《渭河流域水污染防治巩固提高三年行动方案（2015 - 2017 年）》，提出将渭河流域污染防治作为关中地区水系规划与建设的核心工程，实现流域生态环境整体提升。

上游因保护流域生态环境限制当地经济发展，而所供给的生态服务价值又没有得到足额补偿，使上游缺乏保护流域生态环境的有效激励。同时，渭河流域的水资源短缺矛盾突出，一方面，渭河干流的年均降雨量与径流量逐年下降；另一方面，由于经济的发展与人口的增加，用水量大幅增加，导致 2015 年“关中—天水经济区”的缺水量达 26 亿立方米，2020 年将达 28 亿立方米以上。并且由于渭河上游均属于国家贫困地区，地方财政实力薄弱，国家投入杯水车薪，地方小流域治理投入受限，导致水土流失治理缓慢。

因此，以渭河流域作为研究案例具有重要意义：一是渭河干流区域基本与“关中—天水经济区”重合，水资源对干旱地区的“关中—天水经济区”显得尤为重要，且渭河流域的综合治理问题已被列入国家议事日程；二是渭河流域的生态补偿已在陕西省和甘肃省开展，具有一定的现实意义；三是渭河流域上、下游区域间经济发展与环境保护的矛盾突出，上游为保护生态环境做出的贡献无法得到足额补偿，缺乏激励其持续保护流域生态环境的有效机制。亟须探讨科学、合理的生态服务价值补偿机制，保证流域整体发展的公平与效率。

4.1.2 上游区域概况

渭河河源至宝鸡峡为上游，河长430公里，河道狭窄，河谷川峡相间，水流湍急，上游面积约为595万平方公里，包括天水市和定西市。渭河上游处于中国经济欠发达地区，经济发展水平整体偏低，2015年渭河上游的平均人均GDP水平仅占下游的29.29%，平均城镇居民可支配收入占下游的66.33%，平均农村人均纯收入占下游的53.03%，各项经济发展指标低于流域下游的平均水平。近年来，上游地区全面加强了渭河流域水生态环境的生态保护工作，例如水资源污染治理、建设生活污染治理设施、提升水质监测能力、水土流失治理等。但由于地方政府的财力较为薄弱，且流域生态环境保护是一个长期、耗财的工程，上游地区保护与建设生态环境的资金不足，水生态环境保护的形势严峻。同时，为保证渭河流域的水质，上游地区在工业、农业等方面都做出了巨大牺牲，限制了当地的经济发展。为保证流域生态保护政策的实施不引起当地的抵抗情绪、保障上游地区的发展权益和人民切身利益，以及引导当地进行生态环境的保护与建设，需要按照外部性内部化的途径，对流域上游保护生态环境所供给的生态服务价值进行补偿。

4.2 流域上游生态服务价值供给评估

随着对流域生态服务价值补偿研究的不断深入，越来越多的学者认为单纯采用一种方法核算流域生态服务价值，无法完全解决流域生态服务价值补偿的评估问题，对多种方法的综合应用可使生态服务价值的评估更为准确，如李云驹等（2011）对松华坝流域的生态补偿标准与效率进行研究，分别利用当量因子法、机会成本法和意愿调查法测算得到流域生态补偿标准的上限、下限和参考值；乔旭宁等（2012）以渭干河流域为例，分别计算流域上、下游的生态服务功能价值、流域附近居民的支付意愿以及流域的综合成本，并将测算结果分别作为补偿的最高、最低与参考标准；宋晓谕等（2013）以青海湖流域为研究区域，以碳蓄积量为主要生态系统服务目标，以土地为载体，分别采用福利成本法与最小数据法对青海湖流域的空间选择与补偿标准进行研究，根据生态补偿的效率确定优先补偿的顺序。鉴于受到广泛使用的当量因子法的评估结果通常存在一定程度的高估，机会成本法的评估结果存在较大不确定性、波动范围较大等问题，而能值分析法则存在数据获取困难、评估过程复杂等难点，本节同时利用当量因子法、机会成本法和能值分析法测算流域上游供给的生态服务价值，得到更为准确的评估结果。

4.2.1 模型构建

（1）基于当量因子法的评估模型。生态服务价值的确定是实施生态服务价值补偿的关键，但世界尚未形成统一的、公认的生态服务价值评估方法。科斯坦萨等（Costanza et al.，1997）对生态系统服务价值的评估将生态系统服务价值的研究推向高潮。2014年科斯坦萨等又重新对其1997年所测算的全球生态系统服务价值进行测算，发现生态系统单位面积的生态价值发生变化。由于科斯坦萨等的方法是基于全球尺度，与中国的实际情况存在误差，为降低该方法在中国应用时的偏误，谢高地等（2008）在科斯坦萨等研究的基础上，对中国具有生态学教育背景的人进行调研，提出新的生态服务价值当量因子体系。随后谢高地等（2015）以其提出的当量因子法为基础，对提出的当量因子表进行补充与修订，详见表4-1。许多学者也广泛应用当量因子法对全国、宁夏、阿克苏河等地的生态服务价值进行估算（周德成等，2010；仲俊涛等，2013；刘春腊等，2014）。

表4-1　　生态系统的单位面积生态服务价值当量

生态价值当量	森林	草地	农田	湿地	河流/湖泊	荒漠
科斯坦萨(1997)	1.00	0.25	0.09	2.35	0.97	0.00
科斯坦萨(2011)	1.00	0.29	0.11	2.41	1.08	0.00
谢高地(2002)	1.00	0.42	0.20	2.41	4.99	0.02
谢高地(2007)	1.00	0.42	0.28	1.95	1.61	0.05
谢高地(2015)	1.00	0.46	0.10	0.66	1.72	0.02

资料来源：根据已有文献整理而得。

鉴于本书主要是对中国的流域生态服务价值进行研究，科斯坦萨等对生态系统服务价值的研究不一定完全符合我国的实际生态系统情况，因此主要参考谢高地等提出的生态服务价值当量体系，利用当量因子法评估渭河上游供给的生态服务价值。在表4-1的基础上，将六种生态系统的单位面积生态服务价值当量分别乘以自身生态系统的面积，可得到森林、草地、农田、湿地、河流/湖泊、荒漠等的生态服务价值当量。

假设研究区域的总生态服务价值与六种生态系统的生态服务价值存在一定的函数关系：

$$Y_i = f(F,L,M,W,S,N) \tag{4-1}$$

式（4-1）中，Y_i 代表研究区域 i 的总生态服务价值，F、L、M、W、S、N 分别代表森林、草地、农田、湿地、河流/湖泊、荒漠的生态服务价值。

参考刘春腊等（2014）和谢高地等（2015）的研究可知，单个生态系统的生态服务价值为对应的单位面积生态服务价值与生态系统面积的乘积，即：

$$Y_{单} = U_j \times X_j$$
$$U_j = Q_j \times P_t \tag{4-2}$$

式（4-2）中，$Y_{单}$ 代表研究区域单个生态系统的生态服务价值，U_j 代表某一生态系统的单位面积生态服务价值，X_j 代表某一生态系统的面积，Q_j 代表某一生态系统的单位面积生态服务价值当量，P_t 代表单位生态服务价值当量因子的经济价值量，j 代表某一生态系统（森林、草地、农田、湿地、河流/湖泊、荒漠），t 代表时间。

通过加总研究区域的各单个生态系统的生态服务价值，可得研究区域的总生态服务价值，即：

$$Y_i = U_F \times X_F + U_L \times X_L + U_M \times X_M + U_W \times X_W + U_S \times X_S + U_N \times X_N \tag{4-3}$$

式（4-3）中，U_F、U_L、U_M、U_W、U_S、U_N 分别代表森林、草地、农田、湿地、河流/湖泊、荒漠的单位面积生态服务价值，X_F、X_L、X_M、X_W、X_S、X_N 分别代表森林、草地、农田、湿地、河流/湖泊、荒漠的面积。

（2）基于机会成本法的评估模型。“机会成本”的概念最早由奥地利学派的维泽尔（Wieser，1982）在《自然价值》一书中提出，他从边际效用的视角出发，认为机会成本是指为获得某种产品单位效用的增加而选择放弃其他产品的单位效用。随后，美国著名经济学家科斯和曼昆也对机会成本进行了阐释，认为机会成本是为进行某项决策或为获得某种物品所必须放弃的其他决策或物品的价值。因此，在不考虑生态环境保护与建设的直接成本或认为流域上游当地政府与居民不用投入的情况下，生态服务价值补偿要满足的经济底线是“弥补因限制或放弃发展权而造成的机会成本”。

机会成本的估算方法众多，存在的争议也较多。一是利用研究区域和参照区域的农村居民人均纯收入和城镇居民人均可支配收入的市场比较法（李怀恩等，2010）。该方法对指标要求宽松，因此得到广泛应用，在数据指标有限的情况下，该方法不失为一种估算机会成本的选择。二是对环境保护前后的分产业发展权损失测算。第一产业发展权损失利用单位农地经济价值进行测算，第二产业发展权损失利用第二产业增加值测算，并利用发展权损失参数和收益调整系数进行调整，第三产业发展权损失利用参照区域的旅游业收入进行测算（薄玉洁等，2011）。该方法对不同产业的机会成本损失进行分类测算，可有效避免整体核算导致的偏误，但对数据的要求严格，须有各产业的主要经济指标。三是以土地权属为载体，分析实施环境保护后造成的经济损失，以所有经济作物的收益变化估算机会成本（李晓光等，2009），要求有经济作物种植面积、种类等数据。四是针对工业开发，以单项或综合多项经济产区指标实证测算工业增长受限的机会成本（代明等，2013），要求有评估工业发展水平的诸如就业、工资收入、财政收入等诸多数据。基于流域上游区域社会经济统计指标的局限性，本书采用方法一对流域上游为保护流域生态环境付出的机会成本进行估算，能够最大程度反映流域上游区域的机会成本损失，为流域生态服务价值供给的补偿提供参考。测算公式为：

$$Y_i = (X_{i1} - X_{i2}) \times N_{i1} + (Z_{i1} - Z_{i2}) \times N_{i2} \tag{4-4}$$

式（4-4）中，Y_i 代表研究区域 i 的年补偿金额，X_{i1}、X_{i2} 分别代表参照地、研究区域的城镇居民人均可支配收入，Z_{i1}、Z_{i2} 分别代表参照地、研究区域的农村居民人均纯收入，N_{i1}、N_{i2} 分别代表研究区域的城镇居民人口和农村居民人口。对于参照地的选择，遵循“与研究区域地理位置相近、自然条件相似、产业结构类同”的原则。

（3）基于能值分析法的评估模型。能值是衡量不同类型能量的尺度，美国著名生态学家奥德姆将能值定义为“一种流动或贮存的能量中所包含的另一种类别能量的数量，其实质是一种包被能”。由于任何形式的能量均来源于太阳能，因此常以太阳能值来衡量某一能量的能值。奥德姆（1996）指出，能值分析法是以能值为基准，利用能量守恒定律将生态系统中不同质量、不同种类和不可比较的能量转换为同一标准的能值进行比较分析。该方法综合了传统经济学和生态学的优点，以太阳能值为标准进行综合分析，将自然资本价值纳入生态环境经济系统范畴，考虑生态环境资源对生态经济的贡献，克服传统方法在评估生态服务价值时受到的市场需求、货币价值波动等干扰，对生态环境系统可持续动态变化的评价更为客观（易定宏等，2010；伏润民等，2015）。

流域生态服务能值是流域生态系统为人类社会提供各种服务的能值体现，采用能值分析法测算流域生态服务能值，需要考虑流域生态系统的环境投入能量和人类投入能量，其中环境投入能量包括可更新资源环境能和不可更新资源环境能，人类投入能量包括可更新资源产品能和不可更新资源产品能（蓝盛芳，2002）。通过能量循环和能级转换为太阳能能值，为流域生态系统的社会生产和经济发展提供服务，以此体现流域生态系统供给的服务能值。根据能值分析的原理，构建基于能值分析的流域生态服务能值模型，详见式（4－5）。

$$Y_i = \max FB_{ij} \times FK_l + FC_{ik} \times FK_l$$

$$\begin{cases} FB_{i1} = S \times \theta_1 \\ FB_{i2} = S \times H_1 \times \theta_2 \times \theta_3 \times \theta_4 \\ FB_{i3} = S \times R \times \theta_5 \\ FB_{i4} = S \times H_2 \times R \times \theta_6 \times \theta_7 \\ FB_{i5} = S \times (\theta_8 - \theta_9) \end{cases} \tag{4-5}$$

式（4－5）中，Y_i 代表研究区域 i 的生态服务能值，$j = 1,2,\cdots,5$ 分别代表流域生态系统自然环境投入的太阳能、风能、雨水化学能、雨水势能、表土层损失能，FB_{ij} 代表自然环境各类投入的相应能量，$k = 1,2,\cdots,9$ 分别代表流域生态系统人类投入的粮食、油料、蔬菜、水果、猪/牛/羊肉、水产品、电力、钢材、水泥，FC_{ik} 代表人类各类投入的相应能量，FK_l 代表流域各类投入的能值转化率，$j = 1,2,\cdots,14$ 。具体指标参数见表4－2。

表 4－2　流域生态系统能值指标参数

能量类别		能量投入测算				能值转换率		
		指标名称	代码	数量	单位	代码	数量	单位
可更新资源环境能	太阳能	流域面积	s	——	m^2	FK_1	1	sei/J
		太阳平均辐射量	θ_1	——	$J/(m^2 \cdot a)$			
	风能	流域面积	S	——10	m^2	FK_2	663	sei/J
		风力动能高度	H_1	2	m			
		空气密度	θ_2	1.23	kg/m^3			
		涡流扩散系数	θ_3	2.01	m^2/s			
		风速梯度	θ_4	3.154×10^7	s/a			
	雨水化学能	流域面积	S	——	m^2	FK_3	15444	sei/J
		平均降雨量	R	——	m/a			
		吉布斯自由能	θ_5	4.94×10^6	$J/g \times g/m^3$			
	雨水势能	流域面积	S	——	m^2	FK_4	8888	sei/J
		平均海拔高度	H_2	——	m			
		平均降雨量	R	——	m/a			
		空气密度	θ_6	1×10^3	kg/m^3			
		重力加速度	θ_7	9.8	m/s^2			

续表

能量类别		能量投入测算				能值转换率		
		指标名称	代码	数量	单位	代码	数量	单位
不可更新资源环境能	表土层损失能	流域面积	S	——	m^2	FK_5	62500	sei/J
		表土形成率	θ_8	8.54×10^5	J/ m^2 · a			
		表土侵蚀率	θ_9	3.39×10^5	J/ m^2 · a			
可更新资源产品能	粮食	——				FK_6	6.8×10^4	sei/J
	油料	——				FK_7	6.90×10^5	sei/J
	蔬菜	——				FK_8	2.7×10^3	sei/J
	水果	——				FK_9	5.3×10^5	sei/J
	猪/牛/羊肉	——				FK_{10}	2.0×10^6	sei/J
	水产品	——				FK_{11}	2.0×10^6	sei/J
不可更新资源产品能	电力	——				FK_{12}	159000	sei/J
	钢材	——				FK_{13}	1.78×10^{15}	sej/t
	水泥	——				FK_{14}	1.98×10^{15}	sej/t

资料来源：相关数据参考《生态经济系统能值分析》（蓝盛芳等，2002），“——”代表不同地区对应的不同数值。

4.2.2 生态服务价值供给测算

（1）基于当量因子法的测算。科斯坦萨等认为1个生态服务价值当量因子的经济价值量为54美元/hm^2，相当于449.28元/hm^2（按1997年8.32元/美元的基准汇率计算）。谢高地等在胡瑞法与冷燕（2006）对中国主要粮食作物研究的基础上，计算得到2007年中国单位生态服务价值当量因子的经济价值量为449.1元/hm^2。由于中国每年的农业生产资料价格不断变化，可根据该价格指数计算得到2006～2015年的中国单位生态服务价值当量因子的经济价值量。另外，根据《中国统计年鉴》（2007～2016）公布的数据可知，中国各省域的农业生产资料的平均价格水平与全国的平均水平较为接近①，认为中国单位生态服务价值当量因子的经济价值量即为渭河流域上游的单位生态价值当量因子的经济价值量。

为计算渭河流域上游供给的生态服务价值，需要获得天水市与定西市的森林、草地、农田、湿地、河流/湖泊、荒漠的生态系统面积。通过遥感图像解译土地利用类型是近年来获取评估生态服务价值所需数据的主要方法之一。采用2006～2015年分辨率为30m的地球资源探测（Landsat）卫星TM影像，以获取渭河流域上游地区2006～2015年的土地利用类型现状。利用Envi5.3遥感图像解译软件和ArcGIS10.1地理信息分析软件，将研究区域土地利用类型划分为森林、草地、农田、湿地、河流/湖泊、荒漠六大类，并结合《甘肃发展年鉴》（2007～2016）、《中国环境统计年鉴》（2007～2016）、《渭河流域重点治理规划》获取所需数据。利用式（4－2）和式（4－3），得到渭河流域上游供给的生态服务价值，详见表4－3。

① 主要是因为自2004年以来，我国对各省域在农业生产、农机补助等方面给予大量补贴。

表 4－3　渭河流域上游生态系统服务价值

年份	项目	森林	草地	农田	湿地	河流/湖泊	荒漠
2006	单位面积生态服务价值当量	1.00	0.46	0.10	0.66	1.72	0.02
	单位生态服务价值当量因子的经济价值量(元/公顷)	442.46	442.46	442.46	442.46	442.46	442.46
	面积(万公顷)	72.81	404.36	89.57	30.57	595.00	292.46
	生态系统服务价值(亿元)	3.22	8.23	0.40	0.89	45.28	0.26
	总生态服务价值(亿元)	58.28					
2007	单位面积生态服务价值当量	1.00	0.46	0.10	0.66	1.72	0.02
	单位生态服务价值当量因子的经济价值量(元/公顷)	449.10	449.10	449.10	449.10	449.10	449.10
	面积(万公顷)	72.63	403.34	89.61	30.50	594.03	291.72
	生态系统服务价值(亿元)	3.26	8.33	0.40	0.90	45.89	0.26
	总生态服务价值(亿元)	59.05					
2008	单位面积生态服务价值当量	1.00	0.46	0.10	0.66	1.72	0.02
	单位生态服务价值当量因子的经济价值量(元/公顷)	540.27	540.27	540.27	540.27	540.27	540.27
	面积(万公顷)	72.52	402.74	89.50	30.45	593.74	291.28
	生态系统服务价值(亿元)	3.92	10.01	0.48	1.09	55.17	0.31
	总生态服务价值(亿元)	70.99					

续表

年份	项目	森林	草地	农田	湿地	河流/湖泊	荒漠
2009	单位面积生态服务价值当量	1.00	0.46	0.10	0.66	1.72	0.02
	单位生态服务价值当量因子的经济价值量(元/公顷)	526.76	526.76	526.76	526.76	526.76	526.76
	面积(万公顷)	113.34	402.31	89.43	30.42	593.05	290.97
	生态系统服务价值(亿元)	5.97	9.75	0.47	1.06	53.73	0.31
	总生态服务价值(亿元)	71.29					
2010	单位面积生态服务价值当量	1.00	0.46	0.10	0.66	1.72	0.02
	单位生态服务价值当量因子的经济价值量(元/公顷)	542.04	542.04	542.04	542.04	542.04	542.04
	面积(万公顷)	109.26	417.31	89.57	29.32	593.30	277.89
	生态系统服务价值(亿元)	5.92	10.41	0.49	1.05	55.31	0.30
	总生态服务价值(亿元)	73.48					
2011	单位面积生态服务价值当量	1.00	0.46	0.10	0.66	1.72	0.02
	单位生态服务价值当量因子的经济价值量(元/公顷)	603.29	603.29	603.29	603.29	603.29	603.29
	面积(万公顷)	109.32	417.53	89.40	29.34	593.22	278.04
	生态系统服务价值(亿元)	6.60	11.59	0.54	1.17	61.56	0.34
	总生态服务价值(亿元)	81.78					

续表

年份	项目	森林	草地	农田	湿地	河流/湖泊	荒漠
2012	单位面积生态服务价值当量	1.00	0.46	0.10	0.66	1.72	0.02
	单位生态服务价值当量因子的经济价值量(元/公顷)	637.07	637.07	637.07	637.07	637.07	637.07
	面积(万公顷)	110.06	420.34	89.31	29.54	592.86	279.91
	生态系统服务价值(亿元)	7.01	12.32	0.57	1.24	64.96	0.36
	总生态服务价值(亿元)	86.46					
2013	单位面积生态服务价值当量	1.00	0.46	0.10	0.66	1.72	0.02
	单位生态服务价值当量因子的经济价值量(元/公顷)	645.99	645.99	645.99	645.99	645.99	645.99
	面积(万公顷)	119.16	420.44	89.31	39.78	592.57	279.97
	生态系统服务价值(亿元)	7.70	12.49	0.58	1.70	65.84	0.36
	总生态服务价值(亿元)	88.67					
2014	单位面积生态服务价值当量	1.00	0.46	0.10	0.66	1.72	0.02
	单位生态服务价值当量因子的经济价值量(元/公顷)	640.18	640.18	640.18	640.18	640.18	640.18
	面积(万公顷)	119.00	419.85	89.24	39.72	592.34	279.58
	生态系统服务价值(亿元)	7.62	12.36	0.57	1.68	65.22	0.36
	总生态服务价值(亿元)	87.81					
2015	单位面积生态服务价值当量	1.00	0.46	0.10	0.66	1.72	0.02
	单位生态服务价值当量因子的经济价值量(元/公顷)	642.74	642.74	642.74	642.74	642.74	642.74
	面积(万公顷)	118.88	419.44	89.21	39.68	592.58	279.31
	生态系统服务价值(亿元)	7.64	12.40	0.57	1.68	65.51	0.36
	总生态服务价值(亿元)	88.17					

资料来源：根据《甘肃发展年鉴》（2007～2016）、《中国环境统计年鉴》（2007～2016）、《渭河流域重点治理规划》等整理而得。

由表4－3可知，渭河流域上游森林、草地、农田、湿地、河流/湖泊、荒漠等六类生态系统服务价值在2006～2015年这十年间总体呈递增趋势，分别由2006年的3.22亿、8.23亿、0.40亿、0.89亿、45.28亿、0.26亿元增加到2015年的7.64亿、12.40亿、0.57亿、1.68亿、65.51亿、0.36亿元，其中河流/湖泊生态系统在六类生态系统中供给的服务价值最高，在2006～2015年间占总生态服务价值的比重超过50%。渭河流域上游供给的总生态服务价值也是逐年递增，由2006年的58.28亿元增加到2015年的88.17亿元，增加了51.29%，说明上游为保护与建设流域生态环境不断做出努力，给流域整体供给的生态服务价值逐年增长。

（2）基于机会成本法的测算。渭河流域上游地区主要包括定西和天水两个城市，对于参考区域的选择，遵循“与研究区域地理位置相近、自然条件相似、产业结构类同”的原则，结合甘肃省地形图，选定与定西市和天水市相邻的、自然条件相似的白银市、平凉市和庆阳市作为参考区域，数据均来源于《甘肃发展年鉴》（2007～2016），根据式（4－4）计算渭河上游区域因保护环境、发展受限所造成的机会成本损失，具体结果见表4－4。

由表4－4可知，通过比较上游定西市、天水市与对比城市白银市、平凉市和庆阳市的人均收入水平，考虑到天水与定西两市的工业发展滞后，应选取对比城市三市中最低的机会成本，作为上游为保护流域生态环境、提供生态服务所付出的机会成本下限的参照，即2006～2015年上游付出的机会成本分别为5.03亿、5.43亿、11.00亿、13.53亿、13.02亿、14.52亿、18.98亿、21.22亿、24.02亿、27.07亿元。可见，上游因限制或放弃发展权而付出的机会成本逐年递增，由2006年的5.03亿元增加到2015年的27.07亿元，增加幅度高达438.17%，说明上游为保护流域生态环境付出越来越多的机会成本，生态服务价值补偿需满足的经济底线是“弥补因限制或放弃发展权而造成的机会成本”。若上游付出的机会成本无法得到足额补偿，将会造成社会的不公平现象突出，导致上游居民的社会福利降低。

（3）基于能值分析法的测算。由于流域生态系统各类投入转化形成太阳能能值的函数关系已确定，可从《甘肃发展年鉴》（2007～2016）、《甘肃省水资源公报》（2006～2015）中获取相关数据，并结合前文利用分辨率为30m的地球资源探测卫星TM影像、Envi5.3遥感图像解译软件和ArcGIS10.1地理信息分析软件所获得的流域面积，根据式（4－5）与表4－2可测算得到渭河流域上游的自然环境投入能值和人类投入能值。另外，在可更新资源环境能中，由于风能、雨水化学能和雨水势能实质上都是太阳能的转化形式，为避免重复核算，同一性质的能量投入只取其最大值（蓝盛芳等，2002）。具体如表4－5和表4－6所示。

由表4－5可知，2006～2015年渭河流域上游自然环境投入通过能量循环和转换分别形成太阳能6.76×10^{21}、6.71×10^{21}、6.52×10^{21}、6.51×10^{21}、6.51×10^{21}、6.53×10^{21}、6.83×10^{21}、7.13×10^{21}、7.19×10^{21}、7.28×10^{21} sej，可以看出自然环境投入能值变动不大，这主要是因为在测算过程中流域的面积变化较小（张小平等，2011；杨灿等，2014），导致得到的太阳能、风能、雨水化学能、雨水势能和表土流失能变化幅度较小，进而导致自然环境投入能值的变动幅度较小。

渭河流域上游人类投入的可更新资源产品能和不可更新资源产品能总体呈逐年递增状态，分别由2006年的1.13×10^{22}、6.09×10^{21} sej增长至2015年的1.50×10^{22}、1.94×10^{22} sej，人类投入的能值也由2006年的1.74×10^{22} sej上升至2015年的3.44×10^{22} sej，说明流域上游不断加大保护与建设流域生态环境的能量投入，为流域的社会发展和居民生活提供服务。详见表4－6。

根据表4－5和表4－6得到的自然环境投入能值与人类投入能值，采用能值/货币比率可将流域上游为人类社会提供的各种服务的能值转化为生态服务价值，以2012年定西市的能值/货币比率4.41×10^{13} sej/US \$计算（董晓佳，2014），同时，借由能够客观反映社会经济发展水平和居民生活水平的社会经济发展阶段系数，并考虑到能值/货币比率随经济发展水平提高而降低（卓玛措等，2008；张虹等，2010），对不同时期的能值/货币比率进行动态调整：

$$\frac{r_j}{L_i}=\frac{r_i}{L_j} \qquad (4-6)$$

其中，r代表能值/货币比率，社会经济发展阶段系数L可根据简化的Pearl生长模型求得，即$L=\frac{1}{1+e^{-t}}$，而时间t可根据恩格尔系数转换得到$1/En=t+3$（李金昌，1995）。详见表4－7。

表4-4　　渭河流域上游机会成本估算

年份	项目	上游地区		对比城市		
		定西	天水	白银	平凉	庆阳
2006	城镇居民可支配收入(元)	7291.84	7585.88	9043.27	7850.12	7590.60
	农民人均纯收入(元)	1762.00	1665.00	2145.00	1950.00	1874.00
	城镇人口(万人)	28.84	90.33	42.65	33.43	29.93
	农村人口(万人)	263.82	250.46	132.04	185.29	220.96
	机会成本(亿元)	5.03		20.66	8.53	5.03
2007	城镇居民可支配收入(元)	8342.53	8319.12	10860.24	8788.20	8395.98
	农民人均纯收入(元)	1863.12	1803.12	2323.13	2094.99	2030.20
	城镇人口(万人)	30.45	93.66	44.05	35.21	30.10
	农村人口(万人)	262.63	247.66	130.96	183.82	221.17
	机会成本(亿元)	5.43		28.20	9.52	5.43
2008	城镇居民可支配收入(元)	9072.43	9050.23	12158.21	9700.79	9938.72
	农民人均纯收入(元)	2136.00	2148.00	2676.00	2414.00	2385.00
	城镇人口(万人)	31.75	96.27	45.27	36.76	31.21
	农村人口(万人)	261.76	246.32	129.85	182.82	220.95
	机会成本(亿元)	11.00		33.40	11.00	11.79

续表

年份	项目	上游地区		对比城市		
		定西	天水	白银	平凉	庆阳
2009	城镇居民可支配收入(元)	9857.77	9931.55	13134.83	10678.30	11130.01
	农民人均纯收入(元)	2380.00	2404.00	2984.00	2716.00	2686.00
	城镇人口(万人)	40.71	98.80	62.40	69.17	68.63
	农村人口(万人)	253.42	244.27	113.32	150.98	184.05
	机会成本(亿元)	13.53		37.33	13.53	15.93
2010	城镇居民可支配收入(元)	10790.25	11506.73	14213.19	11765.62	12452.80
	农民人均纯收入(元)	2701.65	2824.70	3386.20	3136.27	3154.44
	城镇人口(万人)	63.19	92.53	67.46	60.15	52.61
	农村人口(万人)	206.67	233.73	103.41	146.65	168.51
	机会成本(亿元)	13.02		37.58	13.02	18.77
2011	城镇居民可支配收入(元)	12289.64	13051.05	15959.94	13354.59	14388.13
	农民人均纯收入(元)	3074.42	3265.82	3813.48	3580.55	3673.58
	城镇人口(万人)	66.09	97.98	69.39	62.63	57.50
	农村人口(万人)	204.42	229.49	101.94	145.04	163.98
	机会成本(亿元)	14.52		40.94	14.52	25.01

续表

年份	项目	上游地区		对比城市		
		定西	天水	白银	平凉	庆阳
2012	城镇居民可支配收入(元)	14280.84	15177.29	18532.68	15505.80	16661.53
	农民人均纯收入(元)	3612.00	3684.00	4497.00	4215.00	4262.00
	城镇人口(万人)	71.53	102.11	71.42	65.89	62.14
	农村人口(万人)	205.39	226.11	100.50	142.30	159.70
	机会成本(亿元)	18.98		51.34	18.98	30.02
2013	城镇居民可支配收入(元)	15723.17	16892.30	18279.74	17351.00	18760.90
	农民人均纯收入(元)	4085.00	4386.00	5140.00	4788.00	4888.00
	城镇人口(万人)	75.25	106.76	74.02	68.94	65.77
	农村人口(万人)	201.82	222.54	97.20	139.73	156.50
	机会成本(亿元)	21.22		37.14	21.22	36.17
2014	城镇居民可支配收入(元)	17216.90	18564.60	20052.80	19086.10	20637.00
	农民人均纯收入(元)	4600.00	4982.00	5777.00	5395.00	5499.00
	城镇人口(万人)	79.76	112.01	76.75	72.12	70.15
	农村人口(万人)	197.46	218.30	94.08	137.11	152.20
	机会成本(亿元)	24.02		41.23	24.02	41.05

续表

年份	项目	上游地区		对比城市		
		定西	天水	白银	平凉	庆阳
2015	城镇居民可支配收入(元)	19167.00	20809.00	23438.00	21490.00	23426.00
	农民人均纯收入(元)	5823.00	6007.00	7065.00	6501.00	6945.00
	城镇人口(万人)	84.46	116.90	79.56	76.09	74.63
	农村人口(万人)	193.37	214.27	91.43	133.71	148.42
	机会成本(亿元)	27.07		58.17	27.07	55.61

资料来源：根据《甘肃发展年鉴》(2007~2016) 整理而得。

注：2006~2008 年的城镇人口与农村人口分别按农业人口和非农业人口口径统计。

表 4-5　渭河流域上游自然环境投入能值

项目		2006 年	2007 年	2008 年	2009 年	2010 年
可更新资源环境能	太阳能	3.29×10^{20}	3.29×10^{20}	3.29×10^{20}	3.28×10^{20}	3.28×10^{20}
	风能	4.61×10^{21}	4.61×10^{21}	4.61×10^{21}	4.60×10^{21}	4.60×10^{21}
	雨水化学能	2.30×10^{21}	2.27×10^{21}	2.03×10^{21}	1.80×10^{21}	1.83×10^{21}
	雨水势能	4.84×10^{21}	4.80×10^{21}	4.28×10^{21}	3.91×10^{21}	3.96×10^{21}
不可更新资源环境能	表土流失能	1.92×10^{21}	1.91×10^{21}	1.91×10^{21}	1.91×10^{21}	1.91×10^{21}
自然环境投入能值总计		6.76×10^{21}	6.71×10^{21}	6.52×10^{21}	6.51×10^{21}	6.51×10^{21}

续表

项目		2011年	2012年	2013年	2014年	2015年
可更新资源环境能	太阳能	3.28×10^{20}	3.28×10^{20}	3.27×10^{20}	3.27×10^{20}	3.27×10^{20}
	风能	4.60×10^{21}	4.60×10^{21}	4.59×10^{21}	4.59×10^{21}	4.59×10^{21}
	雨水化学能	2.13×10^{21}	2.27×10^{21}	2.41×10^{21}	2.44×10^{21}	2.48×10^{21}
	雨水势能	4.62×10^{21}	4.92×10^{21}	5.23×10^{21}	5.29×10^{21}	5.38×10^{21}
不可更新资源环境能	表土流失能	1.91×10^{21}	1.91×10^{21}	1.90×10^{21}	1.90×10^{21}	1.90×10^{21}
自然环境投入能值总计		6.53×10^{21}	6.83×10^{21}	7.13×10^{21}	7.19×10^{21}	7.28×10^{21}

资料来源：根据《甘肃发展年鉴》（2007～2016）、《甘肃省水资源公报》（2006～2015）整理而得。

表4－6　　渭河流域上游人类投入能值

项目		2006年	2007年	2008年	2009年	2010年
可更新资源产品能	粮食	1.59×10^{21}	1.58×10^{21}	1.89×10^{21}	2.03×10^{21}	2.15×10^{21}
	油料	1.59×10^{21}	1.44×10^{21}	1.64×10^{21}	1.68×10^{21}	1.60×10^{21}
	蔬菜	8.45×10^{18}	9.29×10^{18}	1.08×10^{19}	1.20×10^{19}	1.36×10^{19}
	水果	1.38×10^{21}	1.55×10^{21}	1.76×10^{21}	2.09×10^{21}	2.20×10^{21}
	猪、牛、羊肉	6.66×10^{21}	6.52×10^{21}	5.24×10^{21}	5.50×10^{21}	5.90×10^{21}
	水产品	1.24×10^{20}	8.62×10^{19}	8.76×10^{19}	8.98×10^{19}	9.90×10^{19}
	总计	1.13×10^{22}	1.12×10^{22}	1.06×10^{22}	1.14×10^{22}	1.20×10^{22}

续表

项目		2006年	2007年	2008年	2009年	2010年
不可更新资源产品能	电力	9.13×10^{20}	1.06×10^{21}	1.18×10^{21}	1.21×10^{21}	1.89×10^{21}
	钢材	0	0	0	0	0
	水泥	5.18×10^{21}	5.49×10^{21}	5.56×10^{21}	6.47×10^{21}	7.60×10^{21}
	总计	6.09×10^{21}	6.55×10^{21}	6.74×10^{21}	7.68×10^{21}	9.49×10^{21}
人类投入能值总计		1.74×10^{22}	1.78×10^{22}	1.73×10^{22}	1.91×10^{22}	2.15×10^{22}
项目		2011年	2012年	2013年	2014年	2015年
可更新资源产品能	粮食	2.20×10^{21}	2.39×10^{21}	2.54×10^{21}	2.65×10^{21}	2.71×10^{21}
	油料	1.67×10^{21}	1.79×10^{21}	1.89×10^{21}	1.95×10^{21}	2.00×10^{21}
	蔬菜	1.44×10^{19}	1.65×10^{19}	1.74×10^{19}	1.91×10^{19}	2.10×10^{19}
	水果	2.45×10^{21}	2.70×10^{21}	2.94×10^{21}	3.21×10^{21}	3.47×10^{21}
	猪、牛、羊肉	6.00×10^{21}	6.26×10^{21}	6.52×10^{21}	6.78×10^{21}	6.61×10^{21}
	水产品	1.11×10^{20}	1.20×10^{20}	1.24×10^{20}	1.37×10^{20}	1.43×10^{20}
	总计	1.24×10^{22}	1.33×10^{22}	1.40×10^{22}	1.47×10^{22}	1.50×10^{22}
不可更新资源产品能	电力	1.99×10^{21}	2.11×10^{21}	2.23×10^{21}	2.10×10^{21}	1.59×10^{21}
	钢材	0	3.60×10^{19}	3.95×10^{19}	8.60×10^{19}	2.23×10^{19}
	水泥	1.01×10^{22}	1.26×10^{22}	1.60×10^{22}	1.87×10^{22}	1.78×10^{22}
	总计	1.21×10^{22}	1.47×10^{22}	1.83×10^{22}	2.09×10^{22}	1.94×10^{22}
人类投入能值总计		2.45×10^{22}	2.80×10^{22}	3.23×10^{22}	3.56×10^{22}	3.44×10^{22}

资料来源：根据《甘肃发展年鉴》（2007~2016）、《甘肃省水资源公报》（2006~2015）整理而得。

表4－7中列出了经过调整的能值/货币比率，可以看到渭河流域上游的能值/货币比率随社会经济的发展总体呈下降趋势，由2006年的5.20×10^{13}下降至2015年的3.57×10^{13}，流域上游供给的生态服务价值总体呈上升趋势，由2006年的37.03亿元逐步上升至2015年的72.74亿元，上升幅度高达96.44%，说明流域上游不断增加保护与建设流域生态环境的能值投入，给社会提供越来越多的生态服务价值。

表4－7　渭河流域上游生态服务价值

年份	自然环境投入能值	人类投入能值	能值/货币比率	美元兑人民币汇率	生态服务价值（亿元）
2006	6.76×10^{21}	1.74×10^{22}	5.20×10^{13}	7.97	37.03
2007	6.71×10^{21}	1.78×10^{22}	5.35×10^{13}	7.61	34.86
2008	6.52×10^{21}	1.73×10^{22}	5.54×10^{13}	6.95	29.88
2009	6.51×10^{21}	1.91×10^{22}	5.09×10^{13}	6.83	34.36
2010	6.51×10^{21}	2.15×10^{22}	4.95×10^{13}	6.77	38.31
2011	6.53×10^{21}	2.45×10^{22}	4.70×10^{13}	6.46	42.65
2012	6.83×10^{21}	2.80×10^{22}	4.41×10^{13}	6.31	49.84
2013	7.13×10^{21}	3.23×10^{22}	4.32×10^{13}	6.20	56.59
2014	7.19×10^{21}	3.56×10^{22}	3.93×10^{13}	6.14	66.85
2015	7.28×10^{21}	3.44×10^{22}	3.57×10^{13}	6.23	72.74

资料来源：根据《甘肃发展年鉴》（2007～2016）、《甘肃省水资源公报》（2006～2015）整理而得。

4.3 流域上游生态服务价值自身消费

水足迹理论将水资源相关问题与社会经济活动联系起来，有效反映流域生态系统与人类社会活动间的关系。该理论最早由胡克斯特拉（Hoekstra，2003）在艾伦（Allan，1997）虚拟水研究的基础上提出，认为水足迹是指某个已知人口的国家或地区在一定时间内消耗的所有产品与服务所需要的水资源数量，它从消费的角度反映一个国家、一个地区或者一个人真实占用水资源的情况。此后，国内外学者对水足迹的相关研究主要围绕三个方面展开：一是对特定产品或区域的水足迹进行评价，最具代表的是胡克斯特拉和察帕甘（Hoekstra & Chapagain，2008）在胡克斯特拉与亨（Hoekstra & Hung，2002）研究基础上完善水足迹的核算方法，定量核算了全球水足迹；二是利用水足迹研究区域水资源安全，定量分析威胁区域水资源安全的因素，为解决水污染、水资源短缺等问题制定切实可行的对策提供科学依据（陈俊旭等，2010；戚瑞等，2011）；三是评价区域水足迹的可持续性，将区域水足迹与水资源可利用量进行定量比较，根据实际水资源可利用量确定阈值范围，明确水足迹可持续性问题的严重等级（孙才志等，2010）。

4.3.1 模型构建

水足迹理论将水资源问题与人类社会经济活动联系起来，反映人类对流域生态系统的消费程度。构建基于水足迹的生态服务价值自身消费模型，通过将流域水资源需求（水足迹）和水资源供给（水资源可利用量）相比较得到生态服务价值消费系数，测算人类对水生态系统的利用程度，将其作用于流域生态服务价值，得到自身消费的流域生态服务价值，详见式（4－7）。

$$D_i = Y_i \times \frac{WD_i}{WS_i} \tag{4-7}$$

式（4－7）中，D_i 代表上游自身消费的生态服务价值，Y_i 代表上游供给的生态服务价值，WD_i 、WS_i 分别代表流域水资源需求（水足迹）、水资源供给（水资源可利用量）。

（1）水资源需求测算。人类通常通过消费由水资源提供的产品和服务等间接方式进行水资源消费，这些产品和服务在生产过程中所消耗的水资源即为虚拟水（艾伦（Allan），1997）。虚拟水以“看不见”的形式蕴含在产品和服务中，由于人类生活直接利用的实体水资源量一般较少，因此产品形式的虚拟水消费是水足迹的主要组成部分（格莱克/Gleick，2000）。水足迹需求的计算公式见式（4－8）。

$$WD_i = CVW_i + AVW_i + RW_i + ENV_i + NVWI_i \tag{4-8}$$

式（4－8）中，CVW_i 代表农业产品消费的虚拟水含量，AVW_i 代表工业产品消费的虚拟水含量，RW_i 代表居民生活用水量，ENV_i 代表生态环境用水量，

$NVWI_i$ 代表净进口虚拟水含量①。

（2）水资源供给测算。水资源供给是指一个地区在统筹考虑生产、生活和生态用水基础上的可利用最大水量，包括地表水可利用量和地下水可利用量。水资源供给的计算公式见式（4-9）。

$$WS_i = W_{ai} + W_{bi} - W_{ci} \tag{4-9}$$

式（4-9）中，W_{ai} 代表地表水资源可利用量，W_{bi} 代表地下水资源可利用量，W_{ci} 代表地表水和地下水之间的重复量。

4.3.2 生态服务价值自身消费测算

根据式（4-8）和渭河流域上游地区的实际情况以及数据的可得性，从农业、工业、居民生活和生态环境用水量等四个方面测算上游地区的水足迹，而单位产品虚拟水含量的确定是测算上游地区水足迹的关键。由于工业产品种类纷杂，且虚拟水实际消耗的水量较小，因此常常对工业产品的虚拟水含量忽略不计，只计算工业产品的实际用水量（马骏等，2015）。农业是世界上最大的水资源利用部门，用水量占全球总用水量的比例高达80%，各类农产品实际蕴含了大量的虚拟水。单位产品虚拟水含量的计算一般采用世界粮农组织（FAO）推荐的标准彭曼公式和CROPWAT模型获得，单位产品虚拟水含量与产品消费量的乘积为虚拟水量（龙爱华等，2005；邵帅，2013）。渭河流域上游地区2006~2015年生态服务价值自身消费结果见表4-8。

表4-8　2006~2015渭河流域上游地区自身消费情况

	单位产品虚拟水含量（m^3/kg）	2006年	2007年	2008年	2009年	2010年
粮食	1.840	26.94	26.25	25.54	23.79	21.19
鲜菜	0.135	0.46	0.46	0.49	0.47	0.50
猪肉	3.561	3.18	2.73	2.56	2.56	2.58
牛肉	19.990	1.28	0.83	0.70	0.84	1.02

① 在实际应用中，由于净进口虚拟水含量的计算困难和需水量较小，计算过程中可忽略不计。

续表

	单位产品虚拟水含量（m^3/kg）	2006年	2007年	2008年	2009年	2010年
羊肉	18.005	1.67	1.12	0.99	1.16	1.05
家禽	3.111	0.30	0.27	0.34	0.31	0.42
蛋	5.651	1.17	1.07	1.24	0.95	1.37
奶	0.790	0.30	0.35	0.30	0.32	0.34
水果	0.387	0.34	0.42	0.52	0.54	0.49
农业虚拟水总计（亿 m^3）	——	35.63	33.50	32.67	30.93	28.95
工业、生活、生态用水总量（亿 m^3）	——	6.07	5.95	5.94	6.06	6.20
水足迹合计（亿 m^3）	——	41.70	39.45	38.61	36.99	35.15
水资源可利用量（亿 m^3）	——	53.68	65.07	52.69	59.08	59.28
生态服务价值消费系数	——	0.78	0.61	0.73	0.63	0.59
	单位产品虚拟水含量（m^3/kg	2011年	2012年	2013年	2014年	2015年
粮食	1.840	17.99	17.81	16.10	15.53	17.00
鲜菜	0.135	0.53	0.51	0.50	0.53	0.57
猪肉	3.561	2.62	2.45	2.36	2.75	2.71
牛肉	19.99	1.11	1.01	1.40	1.45	1.58
羊肉	18.005	1.44	1.12	1.85	1.84	2.58
家禽	3.111	0.46	0.49	0.60	0.73	0.74
蛋	5.651	1.65	1.85	1.87	2.08	2.52
奶	0.790	0.38	0.40	0.40	0.45	0.47
水果	0.387	0.54	0.64	0.75	0.86	0.97
农业虚拟水总计（亿 m^3）	——	26.71	26.29	25.83	26.24	28.60
工业、生活、生态用水总量（亿 m^3）	——	6.43	6.57	5.35	5.33	5.37
水足迹合计（亿 m^3）	——	33.14	32.86	31.18	31.57	33.97
水资源可利用量（亿 m^3）	——	63.68	70.66	71.25	54.02	68.39
生态服务价值消费系数	——	0.52	0.47	0.44	0.58	0.50

资料来源：（1）FAO的CLIMATE数据库和CROP数据库；（2）胡克斯特拉和察帕甘（Hoekstra & Chapagain，2008）对中国动物产品虚拟水含量的研究成果；（3）统计资料，包括《甘肃发展年鉴》（2007～2016）、《甘肃省水资源公报》（2006～2015）。

由表4－8可知，2006～2015年流域上游地区的水足迹分别为41.70亿、39.45亿、38.61亿、36.99亿、35.15亿、33.14亿、32.86亿、31.18亿、31.57亿、33.97亿m^3，总体呈下降趋势，说明流域上游对流域生态系统的消费程度不断下降，这可能是源于流域上游为给下游供给更多的生态服务价值，实施水资源环境保护和产业结构调整而关停污染企业或外迁工业企业，降低自身的水资源需求。同时，可以看到流域上游的生态服务价值消费系数总体呈先上升后下降趋势，在2006年和2013年分别达到最高和最低，为0.78和0.44，这与当年的水资源供给密切相关。

将生态服务价值消费系数作用于当量因子法、机会成本法和能值分析法测算得到的流域生态服务价值，得到三种测算方法下流域上游自身消费的生态服务价值，详见表4－9。

表4－9　　三种测算方法下的流域上游生态服务价值自身消费　　单位：亿元

年份	生态服务价值消费系数	当量因子法	机会成本法	能值分析法
2006	0.78	45.46	3.92	28.88
2007	0.61	36.02	3.31	21.27
2008	0.73	51.82	8.03	21.81
2009	0.63	44.91	8.52	21.65
2010	0.59	43.35	7.68	22.60
2011	0.52	42.53	7.55	22.18
2012	0.47	40.64	8.92	23.42
2013	0.44	39.01	9.34	24.90
2014	0.58	50.93	13.93	38.77
2015	0.50	44.09	13.54	36.37

资料来源：根据前述测算得到的数据整理而得。

由表4－9可知，将生态服务价值消费系数作用于三种测算方法得到的流域上游自身消费的生态服务价值差异较大，当量因子法下得到的结果最大，机会成本法下得到的结果最小，能值分析法下得到的结果适中。在当量因子法下，流域上游自身消费的生态服务价值总体呈现一个较为平缓的趋势，由

2006 年的 45.46 亿元到 2015 年的 44.09 亿元，变化幅度不大；在机会成本法与能值分析法下，流域上游自身消费的生态服务价值总体呈上升的趋势，分别由 2006 年的 3.92 亿元、28.88 亿元上升至 2015 年的 13.54 亿元、36.37 亿元。

4.4 流域上游生态服务价值补偿标准

伏润民和缪小林（2015）认为，若生态环境供给主体在剔除自身消费后，还可向其他地区提供其剩余生态服务价值，也即某地区的生态服务价值扣除该地区自身消费的生态服务价值后还存在剩余，那么该地区就存在正的生态服务外溢价值，理应获得补偿，生态服务外溢价值的数值即为补偿标准。本节对当量因子法、机会成本法和能值分析法的测算结果进行比较，确定流域上游应获得的补偿标准。

利用当量因子法、机会成本法和能值分析法测算得到渭河流域上游供给的生态服务价值，在此基础上利用水足迹法剔除上游自身消费的生态服务价值，可以得到上游提供的剩余生态服务价值，即上游应获得的补偿标准，详见表 4－10。

表 4－10　流域上游提供的剩余生态服务价值　单位：亿元

年份	当量因子法	机会成本法	能值分析法
2006	12.82	1.11	8.15
2007	23.03	2.12	13.59
2008	19.17	2.97	8.07
2009	26.38	5.01	12.71
2010	30.13	5.34	15.71
2011	39.25	6.97	20.47
2012	45.82	10.06	26.42
2013	49.66	11.88	31.69
2014	36.88	10.33	28.08
2015	44.09	13.53	36.37

资料来源：根据前述测算得到的数据整理而得。

由表4－10可知，当量因子法测算得到的流域上游提供的剩余生态服务价值最大，能值分析法的结果次之，机会成本法的结果最小。对三种测算方法进行比较，发现当量因子法测算得到的补偿标准存在一定程度的高估；机会成本法的评估结果存在较大不确定性、波动范围较大等问题；能值分析法将各种形式的能量转化为统一标准的能值，可改进或弥补当量因子法与机会成本法存在的价值判断标准差异的不足，可以作为流域生态服务价值补偿的参考标准，详见表4－11。

表4－11　流域生态服务价值补偿测算方法的比较

测算方法	计算内容	优缺点	适用范围
当量因子法	测算流域生态系统服务功能本身的价值	测算出的补偿标准存在一定的高估，且不同地区生态系统服务功能差距较大，因此得到的结果偏差较大	得到的数值通常作为补偿的上限
机会成本法	一般以上游的人均收入水平与参照地区的人均收入水平的横向差异间接计算上游保护区的净损失	可计算流域保护地区的经济损失，但测算结果存在较大不确定性、波动范围较大等问题，且认为人均收入水平的差距完全由保护水源所造成难免有失公允	为保护流域的生态环境而放弃发展机会
能值分析法	基于能量守恒定律，将流域生态系统中的环境投入能量和人类投入能量转化为流域生态服务价值	将各种形式的能量转化为同一标准的能值，排除市场需求的变化与人类主观意愿的影响，弥补价值判断标准差异的不足，测算结果更为科学、客观	流域生态系统中不同种类、不可比较的能量投入

资料来源：根据已有文献整理而得。

尽管能值分析法较之当量因子法、机会成本法的测算结果更为科学、客观，但由于起步较晚、使用不广泛、认知复杂等，仍存在生态系统问题的复杂性及物质循环本身的人为干扰性等技术难题。因此，能值分析法的使用应加以当量因子法、机会成本法的佐证，有利于确定更为科学、合理的流域生态服务价值补偿标准。

结合三种测算方法的最终结果与其优缺点，将运用能值分析法测算得到的流域上游供给的生态服务价值，并剔除上游自身消费的生态服务价值得到的剩余生态服务价值视为对流域上游补偿的参考标准。渭河流域上游 2006 ~ 2015 年应得到的生态服务价值补偿金额分别为 8.15 亿元、13.59 亿元、8.07 亿元、12.71 亿元、15.71 亿元、20.47 亿元、26.42 亿元、31.69 亿元、28.08 亿元、36.37 亿元。总体而言，渭河流域上游提供的生态服务价值呈增长趋势，说明上游不断增加保护流域生态环境的投入。为保证流域整体发展的公平与效率，流域上游应获得足额的补偿，以上游提供的剩余生态服务价值作为补偿标准的流域生态服务价值补偿刻不容缓。

4.5 小结

本章基于理论分析框架中以生态环境价值作为流域生态服务价值补偿标准的评估依据，以渭河流域为例，对流域上游供给的剩余生态服务价值进行测度，得到流域上游应获得的补偿数额。首先，通过遥感图像和 GIS 分析方法获取渭河流域上游土地利用数据，分别构建当量因子法、机会成本法和能值分析法的评估模型，利用三种方法测算渭河上游 2006 ~ 2015 年的生态服务价值供给，发现流域上游供给的生态服务价值总体呈上升趋势，说明上游为保护与建设流域生态环境付出更多的投入或成本；其次，构建流域生态服务价值自身消费的评估模型，利用水足迹法确定流域上游 2006 ~ 2015 年间自身消费的生态服务价值，发现流域上游地区的水足迹总体呈下降趋势，说明上游地区对流域生态系统的消费程度不断下降；最后，在当量因子法、机会成本法和能值分析法测算得到的生态服务价值供给的基础上，剔除上游自身消费的生态服务价值，得到上游给下游供给的剩余生态服务价值，并对当量因子法、机会成本法和能值分析法三种方法进行比较，发现当量因子法的结果最大，能值分析法的结果次之，机会成本法的结果最小。由于能值分析法能够弥补当量因子法和机会成本法价值判断标准差异的不足，确定以能值分析法测算并剔除自身消费的生态服务价值的结果作为补偿标准，得到 2006 ~ 2015 年上游应获得的补偿金额分别为 8.15 亿元、13.59 亿元、8.07 亿元、12.71 亿元、15.71 亿元、20.47 亿元、26.42 亿元、31.69 亿元、28.08 亿元、36.37 亿元。

通过对渭河流域上游生态服务价值供给的补偿的实证测算，发现渭河上游应获得的补偿金额从 2006 年的 8. 15 亿元上升至 2015 年的 36. 37 亿元，上游供给的剩余生态服务价值总体呈增长趋势，说明上游为保护流域生态环境不断付出努力。为保证流域整体的公平与效率，上游供给的生态服务价值应获得足额补偿，才能更好地激励上游生态环境的保护与生态服务价值的供给。

第5章

流域生态服务价值需求方的支付意愿测度

对流域生态服务价值补偿的研究，离不开流域生态服务价值需求方的支持。流域下游居民作为流域生态服务价值的主要使用者，其对上游的支付意愿对激励上游保护与建设流域生态环境具有至关重要的作用。本章依据第3章对流域生态服务价值的消费者行为、支付意愿的分析以及对支付意愿测度体系的构建，以渭河流域为例，对渭河流域生态服务价值需求方的真实支付意愿进行测度。首先，对调研问卷的设计进行分析，设计合适的问卷形式；其次，对问卷进行描述性统计分析，包括受访者的基本信息、CVM下与CE下的支付意愿统计描述；再次，分别对CVM部分与CE部分的支付意愿进行计算与验证；最后，对CVM与CE的测算结果进行检验，通过对两种方法的比较，确定下游居民的真实支付意愿。根据测算得到的下游居民的真实支付意愿，判断是否能够足额补偿流域上游生态服务价值的供给，有利于寻求上、下游合作治理流域的方式，实现流域上、下游的协调发展。

5.1 调研问卷设计

在明确流域生态服务价值需求方支付意愿测度体系后，首先，应结合研究内容和对流域下游居民给予上游补偿的重要性的认识，在下游区域中选择合理的调研区域；其次，应根据CVM和CE的具体应用，设计合适的问卷形式。本节将对这些问题展开讨论。

5.1.1 研究区域概况

渭河流域干流全长818公里，其中宝鸡峡至咸阳为中游，咸阳至入黄口为下游。由于本书重点研究流域整体上、下游区域间的生态服务价值补偿，因此在下文中将渭河流域中、下游统一视为下游。多年来，流域上游为了保护渭河水质，以牺牲自身发展为代价，延缓了工业化、城镇化进程；而流域下游在无偿享有上游供给的生态服务价值时，还不断快速发展经济，造成上、下游之间环境保护与经济发展的矛盾愈发突出。为保证流域整体发展的公平与效率，下游给予上游适当的经济补偿已成为解决我国流域经济发展失衡、实现流域水资源可持续发展的重要手段，而准确测度流域下游居民的支付意愿是建立科学的流域生态服务价值补偿机制的重要因素。因此，在渭河流域下游选择研究区域，研究流域下游居民的支付意愿具有重要的意义。

渭河流域下游区域主要包括陕西省的宝鸡市、咸阳市、西安市、渭南市与杨凌示范区①等四市一区。首先，为避免样本集中于经济发展水平较高地区所出现的支付意愿过高、不符合实际的问题，在综合考虑五个地区的人均GDP、人均工业废水排放情况和累积水土流失面积这三个指标后，选取人均GDP水平位于中下、人均工业废水排放量居中和累积水土流失面积较高的咸阳市和渭南市作为调研区域。其次，为了降低对居民平均支付意愿估算的偏误，保证对下游居民支付意愿测算的准确度，在咸阳与渭南两个城市中选取具体调研区域时，综合考虑经济发展水平、规模以上工业企业总产值以及渭河干流重点断面水质现状等指标，选择咸阳的秦都区、渭城区与渭南的临渭区和华阴市作为样本区域。

5.1.2 问卷设计与测评

CVM问卷和CE问卷均由三部分组成，其中第一部分与第三部分相同，分别是受访者的环境认知、受访者的社会经济信息，主要区别集中在问卷的第二部分，也是问卷的关键部分，即CVM的引导技术或CE属性水平的选择、投标金额的确定等。

（1）CVM引导技术选取。自美国哈佛大学戴维斯（Davis，1963）首次将CVM应用于缅因州林地狩猎和宿营的娱乐价值评估以来，CVM在国外的各个领域得到广泛的应用，其用于诱导受访者最大支付意愿或最小受偿意愿的引导

① 由于杨凌示范区作为农业示范区的特殊性，尚未被单独列为行政区，地区划分上属于咸阳市。

技术（问卷格式）在不断变化且日臻完善，各引导技术具有不同的优缺点，具体如表5-1所示。

表5-1 CVM引导技术比较

引导技术	概要	优点	缺点
投标博弈式	不断提高或降低投标值，直至受访者不变更金额	通过反复试探，逐步逼近受访者的真实意愿；与实际市场模拟度高	投标初始值偏差；若投标过程冗长，回答的准确性大大降低
开放式	直接询问受访者，由受访者自由说出最大支付意愿或最小受偿意愿	易于操作；不存在起始点偏差或范围偏差；数据处理较为简单	问题回答存在难度，拒答、乱答率较高；回答的结果并不一定是其真实意愿
支付卡式	设置好一组投标值，由受访者在给出的选项中选择	易于理解和参与；避免投标博弈中的起始点偏差；克服开放式问卷存在的问题	支付卡提供的价值范围及中点的设定，会影响受访者的意愿回答
单边界二分式	询问受访者是否愿意支付或接受特定的投标值	简化受访者的回答过程；降低投标博弈的起始点偏差	在相同的统计精度下，需要更多的观测值；平均意愿的分析难度增加
双/多边界二分式	在单边界二分式后添加询问一个或多个依赖于前问答案的投标值	比单边界得到更多受访者真实意愿的信息，提高结果的准确性	无法避免单边界二分式存在的问题，且需要建立比较复杂的模型进行分析
开放双边界二分式	结合开放式和双边界二分式的引导技术	高度模拟真实市场交易，相较于单纯利用二分式更具有效性；克服开放式问卷中受访者难以回答的因素，保留其结果简单易处理的优点	较为复杂，对调查人员的要求高

资料来源：根据已有文献整理而得。

对于最佳引导技术或问卷格式的选择，国内外学者至今尚未达成统一。根据贝特曼等（Bateman et al.，2008）的研究，问卷格式要依据研究对象、研究目标、研究问题、统计技术、调查成本和市场结构等因素决定。结合本书调研目的——流域下游居民对享有上游供给的生态服务价值的支付意愿，首先，针对上游提供的生态环境服务，反复询问下游居民的支付意愿，容易使其产生厌烦情绪，提早给出其最大支付意愿值，导致投标博弈式问卷的不适用；其次，由于下游居民包括城市居民与农村居民，而农村居民受教育程度通常较低，对问卷调研的熟悉程度弱，影响其在一组设定好的投标值中进行选择，使支付卡式问卷不适用；最后，由于流域生态环境服务所涵盖的环境要素和环境效益计算的繁复性，以及居民对享有上游供给的生态服务价值的不确定，下游居民常常很难衡量自己的支付意愿，造成开放式问卷的不适用。封闭二分式问卷作为NOAA推荐的CVM优选格式，可以有效模拟市场交易行为，反映受访者真实意愿，在各领域得到广泛应用，近年来为提高二分式的估算效率与估计的精确度，学者们开始对封闭二分式选择附加后续问题（follow up question），开放双边界二分式便是其中一种。开放双边界二分式将双边界二分式和开放式有效结合，相当于消费者在市场中展开两次连续的“购物”模式，先决定是否接受市场上特定的物品价值，然后再依其决定回答最大支付意愿或最小受偿意愿，不仅保留了封闭二分式问卷的优点，克服了开放式问卷中受访者难以回答的因素，还能够得到确切的金额，较单纯利用封闭二分式得到的意愿区间更加集中，因而在近年的研究中愈发受到重视（奥赫达等/Ojeda et al.，2008；布劳威尔等/Brouwer et al.，2009；阿莱姆等/Alem et al.，2013）。针对流域下游居民，开放双边界二分式可通过初始值的辅助，界定受访者的真实支付意愿区间，最终顺利诱导得到受访者内心的意愿值，是合理的、优越的方法选择，因此，本书选择开放双边界二分式问卷询问受访者的支付意愿。

如图5-1所示，在第一阶段，给受访者提供一个意愿值 A_0，询问其是否愿意接受；接着根据受访者的回答，以更低的（回答否）金额 B_1 或更高的（回答是）金额 B_2 作为第二阶段的意愿值继续询问；受访者经过第一阶段与第二阶段的询问后，其对心里的WTP值会有较为清晰的轮廓，进而在第三阶段可以自行回答出最大WTP，这一数值将高度接近受访者内心的真实意愿。对于 A_0，本书依据课题组利用支付卡式CVM问卷对西安市居民为享有清洁水源的支付意愿的调研结果和利用双边界二分式对咸阳市居民为改善渭河流域生态环境、享有上游提供的生态环境服务的支付意愿的预调研结果，并根据坎聂能（Kannienen，1995）提出的双边界二分式CVM的初始投标值应介于预调研结果的 10% ~90% 间，以及贝特曼（Bateman，1995）提出的投标值数额应选取日常生活中较为常见且易于接受、数目在 10 个左右等原则，将 A_0 设置为 2、4、6、8、10、15、20、30（单位：元/月），调低后的二次投标值 B_1 为 1、2、4、6、8、10、15、20，调高后的二次投标值 B_2 为 4、6、8、10、15、20、30、50，并分别为八个支付方案准备相同数量的问卷，在正式调研中随机分发。

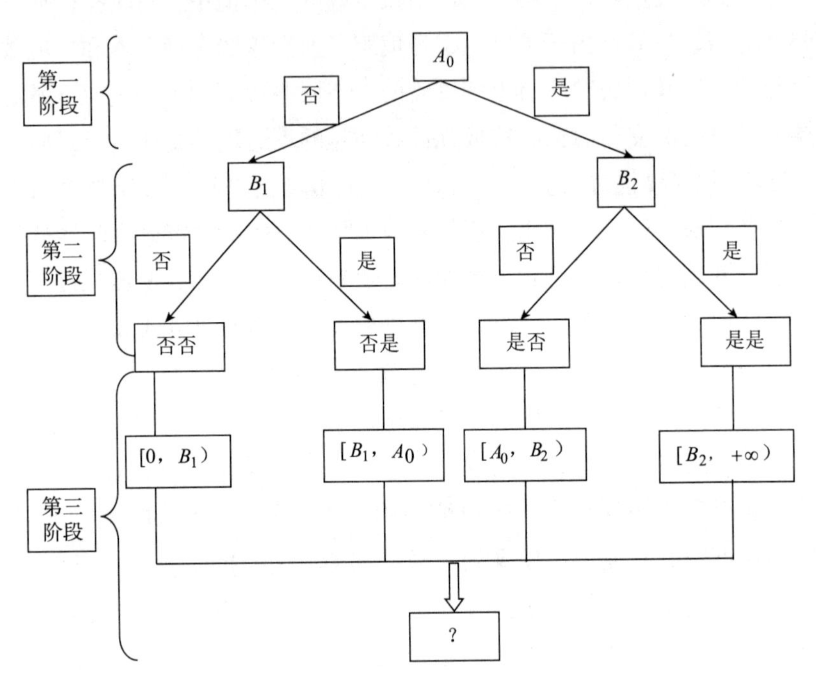

图 5－1　开放双边界二分式选择决策过程

（2）CE 属性与选择集确定。对于流域生态服务价值的属性选择，首先，确定研究的问题是“流域下游居民对享有上游供给的生态服务价值的支付意愿”，其实质是为保证流域整体发展的公平与效率，鼓励或要求无偿享有上游提供的良好生态环境且不断发展社会经济的下游区域给予上游区域适当的经济补偿；其次，明确流域生态系统提供的服务主要包含水源涵养、土壤保护、生物多样性维护等，这些服务的状态变化是影响下游居民支付意愿的根本缘由，属性应是对于上述服务的替代描述（张蕾，2008）；再次，结合上述两点，参考《渭河流域重点治理规划》《陕西省渭河流域管理条例》《渭河流域水污染防治巩固提高三年行动方案（2015－2017 年）》等文件中对渭河流域生态环境保护的规定，已有文献利用CE研究流域问题时对属性的选取（菲莉帕/Phillipa，2011；雅各布等/Yacob et al.，2011）等，在尽可能减轻认知负担的情况下，初步拟定属性的选择范围；最后，经过咨询相关专家意见和课题组的讨论，将影响支付意愿的属性确定为水质、河流的面积/水量、水土流失情况、动物种类/数量、支付金额。

属性水平可通过定性或定量指标进行阐述，而由于渭河流域的上述相关属性的定量状态尚未公布，本书以定性的方式描述相关属性水平。根据渭河流域生态服务价值补偿的实施是为了激励上游保护流域生态环境、提供更多的生态环境服务的定位，属性水平应囊括流域生态服务价值补偿实施前的水平和实施后预计能达到的最优水平。为降低水平过多造成的复杂，本书借鉴徐忠民等（2003）、李京梅等（2015）、史恒通和赵敏娟（2016）等研究，将下游没有给予上游补偿的生态环境水平确定为“维持现状”，将下游给予上游补偿后的生态环境水平确定为“持续改善”。且为使受访者能够更好地理解问卷中的属性及其水平，在调研时辅以图片的形式，形象地描述各属性的状态。对于货币属性的确定，采用预调研中出现频率较高的意愿金额，因此，本书依据课题组利用支付卡式CVM问卷对西安市居民为享有清洁水源的支付意愿的调研结果和利用双边界二分式对咸阳市居民为改善渭河流域生态环境、享有上游提供的生态环境服务的支付意愿的预调研结果，货币属性选取出现频率最高的2、6、10和15，并将现状设定为0，具体如表5-2所示。

表5-2　渭河流域下游选择实验方案的属性及其水平（附录B图片解释）

方案属性	属性水平	
水质	维持现状	持续改善
河流的面积/水量	维持现状	持续改善
水土流失情况	维持现状	持续改善
动物种类/数量	维持现状	持续改善
支付金额	0元/月、2元/月、6元/月、10元/月、15元/月	

注：在正式调研中，以图片形式辅助，解释方案属性及其状态，维持现状的图片来源于调研区域的实际情况，持续改善图片采用电脑制作。

资料来源：根据已有文献整理而得。

在确定 CE 方案属性及其水平后，可采用全因子设计和部分因子设计等方法生成选择集。当采用全因子设计时，本书将产生 $2^4 \times 5 = 80$ 种选择方案，会造成受访者负担过重进而失去耐心。因此，本书采用国内外研究中常用的正交试验设计，借助 SPSS22.0 软件的正交设计功能，在剔除重复发生、强势选项和不符合现实等组合后，获得 12 个备选方案，将其两两组合后与“维持现状”方案一起组成选择集，最终形成 6 个选择集。此外，为更好地验证 CE 方案中各属性估计结果的准确性，在 CE 问卷的选择集前添加受访者对于各属性重要性的认识选择、在选择集后添加受访者在选择时对各方案属性的重视程度选择，使受访者能够在选择前充分明确自己的属性偏好、在选择后肯定选择时是否依据自身偏好（详见附录 A）。

（3）问卷设计与预调研测评。CVM 和 CE 的调查问卷除第二部分关键的意愿引导部分外，其他部分的形式和内容基本一致，为更好地比较两种方法的结果，在调研中将两种方法同时进行。调研问卷遵循受访者心理变化的趋势，采用逐步引导、循序渐进的方式，将问卷初稿分为以下几个部分：

第一，设计相关渭河流域生态环境认知态度问题，激发受访者对调研的兴趣，加深受访者对问卷的了解程度，避免假想偏差。

第二，诱导受访者的支付意愿，向受访者阐释对上游的补偿可为自身带来的利益，打消受访者的顾虑，提高回答效率。

第三，收集受访者的基本社会经济信息，包括年龄、性别、受教育程度、职业、收入等，以了解影响下游居民支付意愿的主要因素，保证信息的可靠性（详见附录 A）。

其后将初稿在课题组内进行多次讨论，经过不断修改和完善，课题组对问卷进行预调研。结果显示，90% 以上的受访者能够清晰理解问卷设计内容，并表明其回答是自身真实认识，但仍存在以下问题：一是年龄较大的受访者较难理解选择实验法，而年轻人较易理解且配合调研；二是 CE 部分的选择集回答时间过长，受访者缺乏耐心回答；三是受访者在回答个人和家庭收入的个人社会经济信息时，表现较为犹豫。

针对上述三点问题，经过课题组讨论后给出以下解决方案：首先，对调研人员进行培训，避免调研员无法清晰表达问卷造成的偏差，要求将调研时间控制在 30 分钟内，减少时间过长引起的偏差；其次，将选择集进行分块处理，即最终问卷包含两个版本，每个受访者只需进行 3 次选择，并在调研开始前向受访者表明此次调研会根据问卷质量向其支付报酬；最后，要求调研员在正式调研中带上证件，向受访者表明问卷信息只作为学术研究使用，消除受访者的警惕心理，避免受访者降低支付意愿，避免信息偏差、策略性偏差和假想偏差。

对于样本容量的确定，在CVM中，米切尔和卡尔森（Mitchell & Carson，1989）认为调查的样本量应控制在600份左右，陈东景等（2003）指出，有效样本量达到400份基本可以反映实际情况；在CE中，乔丹等（Jordan et al.，2000）指出，每个版本的样本量应大于50份。由于本书采用的开放双边界二分式问卷，较单纯的二分式或开放式问卷更具渐进有效性，在结合研究目标、调研实施可行性等综合考虑下，采用Scheaffer抽样公式确定正式调研的样本容量：

$$n = \frac{N}{(N-1) \times \delta^2 + 1} \tag{5-1}$$

其中，n代表样本量，N代表抽样区域人口，δ代表抽样误差。根据《陕西统计年鉴2015》，咸阳市的秦都区和渭城区、渭南市的临渭区和华阴市人口共计210.80万人，设定抽样误差δ为0.05，则至少需要400份问卷。结合已有文献中CVM与CE的样本量及两种方法的版本设定，本书最终确定832份问卷，其中城镇和农村各416份，CVM问卷包括8个版本，每个版本104份，城镇和农村各52份，CE问卷包括两个版本，每个版本416份，城镇和农村各208份。在正式调研中，采用分层抽样的方法确定各调研区域的问卷数量，根据秦都区、渭城区、临渭区和华阴市的人口数量，确定各区域的问卷数量依次为秦都区202份，城镇和农村各101份；渭城区174份，城镇和农村各87份；临渭区352份，城镇和农村各176份；华阴市104份，城镇和农村各52份。

5.2　问卷描述性统计分析

调研组于2015年对渭河流域下游采取面访调查的形式，向秦都区、渭城区、临渭区和华阴市四个地区的城镇和农村各发放问卷416份，问卷全部收回，其中城镇和农村的无效问卷分别为10份、14份，城镇和农村的问卷有效率分别为97.60%、96.63%，整体问卷的有效率为97.12%。

5.2.1 受访者基本信息

（1）社会经济特征。对整体808份有效问卷（城镇406份、农村402份）的受访者基本社会经济信息情况进行统计，结果如表5-3所示。可知，不论是城镇受访者还是农村受访者，男女比例基本各占一半，男性略多。整体受访者的年龄在25~54岁之间的比例为69.93%，城镇受访者在该区间的比例为70.69%，略高于农村受访者的69.16%。整体受访者中57.92%的居民受过高中及以上教育；城镇受访者的受教育程度较高，有49.75%的居民拥有大专及以上学历，文化程度较高；农村受访者中有62.28%的居民受过初中及以下教育，仅有7.96%的农村受访者拥有大专及以上学历，受教育程度远低于城镇受访者。整体受访者中农民、外出打工者和普通工人三者的比例为52.72%，这主要是因为包含农村调研样本；城镇受访者中超过一半的居民属于在职人员，国家机关、企事业单位人员和普通工人的比例为58.13%；农村受访者中农民和外出打工者的比例为79.11%。整体受访者在当地生活时长不足20年的比例为47.03%；城镇受访者在当地生活时长不足20年的比例为71.43%；由于农村受访者多为土生土长的居民，在当地生活时长超过20年的比例为77.61%，远高于城镇水平。整体受访者所在家庭的人口数在3~5人的占比为76.61%；城镇受访者所在家庭的人口数在3~5人的占比为79.56%；农村受访者所在家庭的人口数4人及以上的比例为85.57%。整体受访者家庭月收入在2000~6000元之间的占比为69.68%；城镇受访者家庭月收入在4000~10000元之间的占比为68.22%；农村受访者家庭月收入在2000~6000元之间的占比为77.11%，远低于城镇收入水平。

表5-3　受访者基本社会经济信息情况　单位：人

统计指标	分类指标	整体		城镇		农村	
		人数	比例(%)	人数	比例(%)	人数	比例(%)
性别	男	460	56.93	232	57.14	228	56.72
	女	348	43.07	174	42.86	174	43.28

续表

统计指标	分类指标	整体		城镇		农村	
		人数	比例(%)	人数	比例(%)	人数	比例(%)
年龄	18~24 岁	54	6.68	22	5.42	32	7.96
	25~34 岁	169	20.92	93	22.91	76	18.91
	35~44 岁	190	23.51	94	23.15	96	23.88
	45~54 岁	206	25.50	100	24.63	106	26.37
	55~64 岁	139	17.20	69	16.99	70	17.41
	65 岁及以上	50	6.19	28	6.90	22	5.47
受教育程度	小学及以下	109	13.49	23	5.67	86	21.39
	初中	231	28.59	65	16.01	166	41.29
	高中/中专	234	28.96	116	28.57	118	29.36
	大专	116	14.36	100	24.63	16	3.98
	本科	102	12.62	88	21.67	14	3.48
	硕士及以上	16	1.98	14	3.45	2	0.50
职业	国家机关、企事业单位人员	178	22.03	168	41.38	10	2.49
	普通工人	86	10.64	68	16.75	18	4.48
	商人	58	7.18	30	7.39	28	6.96
	打工者	110	13.61	18	4.43	92	22.89
	农民	230	28.47	4	0.99	226	56.22
	无职人员(无业、离退休、学生)	93	11.51	69	16.99	24	5.97
	其他	53	6.56	49	12.07	4	0.99
当地生活时长	10 年以下	211	26.11	171	42.12	40	9.95
	(10~20)年	169	20.92	119	29.31	50	12.44
	(20~30)年	123	15.22	50	12.32	73	18.16
	(30~40)年	108	13.37	33	8.13	75	18.66
	(40~50)年	105	12.99	21	5.17	84	20.89
	50 年及以上	92	11.39	12	2.95	80	19.90

续表

统计指标	分类指标	整体		城镇		农村	
		人数	比例(%)	人数	比例(%)	人数	比例(%)
家庭人口数	1人	8	0.99	6	1.48	2	0.50
	2人	71	8.79	53	13.05	18	4.48
	3人	191	23.64	153	37.69	38	9.45
	4人	199	24.63	99	24.38	100	24.88
	5人	229	28.34	71	17.49	158	39.30
	6人	84	10.39	18	4.43	66	16.42
	7人及以上	26	3.22	6	1.48	20	4.97
家庭平均月收入	2000元以下	54	6.68	17	4.19	37	9.21
	(2000~4000)元	231	28.59	65	16.01	166	41.29
	(4000~6000)元	332	41.09	188	46.30	144	35.82
	(6000~10000)元	138	17.08	89	21.92	49	12.19
	(10000~15000)元	33	4.09	28	6.90	5	1.24
	(15000~20000)元	14	1.73	13	3.20	1	0.25
	20000元及以上	6	0.74	6	1.48	0	0.00

资料来源：根据调研问卷整理而得，其中整体、城镇、农村比例分别为占808个、406个、402个有效样本的比例。

（2）对当地水生态环境的认知。由于渭河流域下游污染严重，整体受访者大多对当地河流/湖泊等水生态环境持不满意态度，占比为56.81%；城镇受访者对当地水生态环境持不满意态度占比高于整体水平，为58.38%；农村受访者大多也对当地水生态环境持不满意态度，占比为55.22%，略低于城镇水平。在河流/湖泊等存在的水生态环境问题中，认为水资源污染、水质不好的整体、城镇和农村受访者分别占比为82.80%、81.53%、84.08%；认为动物数量和种类减少的整体、城镇和农村受访者分别占比为41.58%、42.36%、40.80%。整体受访者认为造成水生态环境问题的主要原因是居民水资源保护意识淡薄、工业企业排污破坏水源和河流上游带来的污染，分别占比为49.50%、47.28%、47.77%。水生态环境破坏对居民的生产生活造成影响，认为受到的影响较大的整体、城镇和农村受访者分别占比为53.72%、58.87%、48.50%，详见表5-4。

表5-4　受访者对当地水生态环境的认知

统计指标	分类指标	整体		城镇		农村	
		人数	比例(%)	人数	比例(%)	人数	比例(%)
对当地河流/湖泊等生态满意度	非常满意	10	1.24	6	1.48	4	1.00
	满意	91	11.26	45	11.08	46	11.44
	一般	248	30.69	118	29.06	130	32.34
	不满意	375	46.41	183	45.08	192	47.76
	很不满意	84	10.40	54	13.30	30	7.46
河流/湖泊等存在的生态环境问题(可多选)	水土流失严重	146	18.07	61	15.02	85	21.14
	干旱等自然灾害频繁	191	23.64	49	12.07	142	35.32
	地下水过度开采地面沉陷	129	15.97	85	20.94	44	10.95
	水资源污染、水质不好	669	82.80	331	81.53	338	84.08
	森林/湿地等资源被破坏	129	15.97	75	18.47	54	13.43
	动物数量和种类减少	336	41.58	172	42.36	164	40.80
	其他污染或破坏	159	19.68	65	16.01	94	23.38
造成河流/湖泊等环境问题的原因(可多选)	居民保护意识淡薄	400	49.50	219	53.94	181	45.02
	自身生态系统脆弱	181	22.40	97	23.89	84	20.90
	生活垃圾污染水源	303	37.50	135	33.25	168	41.79
	农业的化肥等污染水源	211	26.11	63	15.52	148	36.82
	工业企业排污破坏水源	382	47.28	242	59.61	140	34.83
	河流上游带来的污染	386	47.77	207	50.99	179	44.53
	其他	94	11.63	38	9.36	56	13.93
河流/湖泊等环境问题造成的影响	非常大	100	12.38	70	17.24	30	7.46
	比较大	334	41.34	169	41.63	165	41.04
	一般	188	23.27	89	21.92	99	24.63
	比较小	142	17.57	54	13.30	88	21.89
	非常小	44	5.44	24	5.91	20	4.98

资料来源：根据调研问卷整理而得，其中整体、城镇、农村比例分别为占808个、406个、402个有效样本的比例。

（3）对渭河流域的认知。如表 5－5 所示，在整体有效样本中，580 位受访者（城镇 306 人，农村 274 人）知道自己所处地区属渭河流域下游，占比 71.78%。但对于渭河流域相关政策的了解程度，60.15% 的整体受访者表示不了解，仅有 0.74% 的受访者表示很了解；城镇受访者不了解的比例低于整体，为 54.68%；农村受访者不了解的比例则高于整体，为 65.67%，对政策的了解程度低于城镇。对于渭河流域生态环境改善的急迫性，分别有 77.97%、81.28%、74.62% 的整体、城镇和农村受访者认为渭河生态环境改善具有急迫性，其中认为非常急迫的比例分别为 24.88%、30.29%、19.40%，说明城镇受访者对改善渭河流域生态环境的重视程度高于农村受访者。对于改善渭河生态环境的行为主体，分别有 60.02%、60.84%、59.20% 的整体、城镇和农村受访者认为应由上、下游政府、企业和居民协同解决。对于参与渭河流域生态建设的程度，整体受访者认为参与程度较小的占比 69.55%，城镇和农村受访者认为参与程度较小的分别占比 62.81% 和 76.37%，城镇受访者参与的程度高于农村受访者。说明虽然大部分居民认为其有责任维护和改善渭河流域生态环境，但实际参与渭河流域生态建设的居民较少。

表 5－5　　受访者对渭河流域水生态环境的认知　　单位：人

统计指标	分类指标	整体		城镇		农村	
		人数	比例（%）	人数	比例（%）	人数	比例（%）
是否知道当地属于渭河下游	是	580	71.78	306	75.37	274	68.16
	否	228	28.22	100	24.63	128	31.84
对渭河流域相关政策了解度	很了解	6	0.74	4	0.99	2	0.50
	了解	49	6.06	27	6.65	22	5.47
	知道一点	267	33.05	153	37.68	114	28.36
	不了解	486	60.15	222	54.68	264	65.67
渭河流域生态环境改善是否急迫	非常急迫	201	24.88	123	30.29	78	19.40
	急迫	429	53.09	207	50.99	222	55.22
	一般	152	18.81	68	16.75	84	20.90
	不急迫	20	2.48	6	1.48	14	3.48
	不必改善	6	0.74	2	0.49	4	1.00

续表

统计指标	分类指标	整体		城镇		农村	
		人数	比例(%)	人数	比例(%)	人数	比例(%)
渭河流域生态环境改善由谁负责	当地污染企业	12	1.48	7	1.72	5	1.24
	当地政府	91	11.26	45	11.08	46	11.44
	当地居民	4	0.50	3	0.74	1	0.25
	当地政府、企业和居民协同	127	15.72	76	18.72	51	12.69
	上游政府、企业和居民协同	82	10.15	24	5.91	58	14.43
	上下游政府、企业和居民协同	485	60.02	247	60.84	238	59.20
	中央政府	7	0.87	4	0.99	3	0.75
参与渭河流域生态建设程度	非常小	247	30.57	111	27.34	136	33.83
	比较小	315	38.98	144	35.47	171	42.54
	一般	180	22.28	117	28.82	63	15.67
	比较大	55	6.81	29	7.14	26	6.47
	非常大	11	1.36	5	1.23	6	1.49

资料来源：根据调研问卷整理而得，其中整体、城镇、农村比例分别为占 808 个、406 个、402 个有效样本的比例。

5.2.2　CVM 下的支付意愿

（1）参与意愿统计。从表 5－6 可以看出，在整体有效样本中，有 680 人（城镇 353 人，农村 327 人）愿意为保护渭河流域生态环境支付一定费用，占比为 84.16%，愿意的原因可以归结为受访者认为水资源与自己生活息息相关和想把良好的生存环境留给子孙后代；有 128 人（城镇 53 人，农村 75 人）不愿意支付，占比为 15.84%，不愿意的原因可以归结为受访者收入水平低和认为水生态环境破坏属于公共服务，应由政府负责。

表 5－6　　受访者支付意愿统计　　单位：人

统计指标	分类指标	整体		城镇		农村	
		人数	比例(%)	人数	比例(%)	人数	比例(%)
是否愿意为保护渭河流域生态支付费用（占有效样本）	愿意	680	84.16	353	86.95	327	81.34
	不愿意	128	15.84	53	13.05	75	18.66
愿意的原因（可多选；占愿意样本）	水资源与生活息息相关	568	83.53	289	81.87	279	85.32
	义务体现，保护环境，人人有责	393	57.79	228	64.59	165	50.46
	把良好的生存环境留给子孙后代	544	80.00	269	76.20	275	84.10
	其他	37	5.44	17	4.82	20	6.12
不愿意的原因（可多选；占不愿意样本）	收入水平低	76	59.38	20	37.74	56	74.67
	水生态环境破坏属于公共服务，应由政府负责	84	65.63	46	86.79	38	50.67
	水生态环境破坏由开发企业导致，应由责任者承担	39	30.47	21	39.62	18	24.00
	担心支付无法改善渭河流域环境恶化问题	26	20.31	17	32.08	9	12.00
	不打算在此长期居住	7	5.47	3	5.66	4	5.33
	其他	5	3.91	3	5.66	2	2.67

资料来源：根据调研问卷整理而得，其中整体、城镇、农村比例分别为占 808 个、406 个、402 个有效样本的比例。

（2）双边界二分式支付意愿分布。表 5－7 是在开放双边界二分式的引导技术下，受访者对各投标值方案的支付意愿分布包含四种反应，分别是："是—是""是—否""否—是""否—否"。由表 5－7 可知，首先，对于初始最小投标值 2 元，整体、城镇和农村受访者的支持率分别为 95.65%、95.92% 和

95.34%，说明分别有 95.65% 的整体受访者、95.92% 的城镇受访者和 95.35% 的农村受访者愿意给上游支付每月不低于 2 元的补偿；对于初始最大投标值 30 元，整体、城镇和农村受访者的支持率分别为 9.64%、13.64% 和 5.13%，说明 90.36% 的整体受访者、86.36% 的城镇受访者和 94.87% 的农村受访者不愿意给上游支付每月不低于 30 元的补偿。在支付意愿的调研中，对最小投标值和最大投标值的支持率分别接近 100% 和 0，说明问卷初始投标值的范围可以覆盖整个样本的支付意愿，初始投标值的设计是合理的。

表 5－7　　双边界二分式下受访者支付意愿分布统计　　单位：人

支付方案（初始值，较高值，较低值）	区域	是一是		是一否		否一是		否一否		合计
		人数	比例（%）	人数	比例（%）	人数	比例（%）	人数	比例（%）	人数
(2,4,1)	整体	78	84.78	10	10.87	4	4.35	0	0.00	92
	城镇	41	83.67	6	12.25	2	4.08	0	0.00	49
	农村	37	86.05	4	9.30	2	4.65	0	0.00	43
(4,6,2)	整体	58	64.44	25	27.78	5	5.56	2	2.22	90
	城镇	34	70.83	10	20.83	3	6.25	1	2.09	48
	农村	24	57.14	15	35.72	2	4.76	1	2.38	42
(6,8,4)	整体	50	60.25	11	13.25	11	13.25	11	13.25	83
	城镇	27	65.85	5	12.20	5	12.20	4	9.75	41
	农村	23	54.76	6	14.29	6	14.29	7	16.66	42
(8,10,6)	整体	37	43.53	9	10.59	11	12.94	28	32.94	85
	城镇	25	55.56	6	13.33	6	13.33	8	17.78	45
	农村	12	30.00	3	7.50	5	12.50	20	50.00	40
(10,15,8)	整体	22	26.19	22	26.19	6	7.14	34	40.48	84
	城镇	16	37.21	12	27.91	3	6.98	12	27.90	43
	农村	6	14.63	10	24.39	3	7.32	22	53.66	41

续表

支付方案（初始值，较高值，较低值）	区域	是—是		是—否		否—是		否—否		合计
		人数	比例（%）	人数	比例（%）	人数	比例（%）	人数	比例（%）	人数
(15,20,10)	整体	19	24.05	14	17.72	22	27.85	24	30.38	79
	城镇	14	34.15	6	14.63	10	24.39	11	26.83	41
	农村	5	13.16	8	21.05	12	31.58	13	34.21	38
(20,30,15)	整体	19	22.61	11	13.10	11	13.10	43	51.19	84
	城镇	13	30.95	7	16.67	5	11.90	17	40.48	42
	农村	6	14.29	4	9.52	6	14.29	26	61.90	42
(30,50,20)	整体	3	3.61	5	6.03	31	37.35	44	53.01	83
	城镇	3	6.82	3	6.82	13	29.54	25	56.82	44
	农村	0	0.00	2	5.13	18	46.15	19	48.72	39

资料来源：根据调研问卷整理而得，其中各版本初始问卷均发放 52 份，表中合计数额为删除无效问卷 24 份和零支付问卷 128 份后的结果。

（3）最终意愿受偿分布。在开放双边界二分式的引导技术下，经过双边界二分式两个阶段的询价后，第三阶段开放式的结果是受访者通过完整决策过程学习和经验积累得到的最终结果，表 5－8 统计了愿意参与支付的样本的最终支付意愿情况。整体有 494 位受访者的支付意愿在 0～10 元，其中城镇和农村受访者分别为 243 位和 251 位；有 120 位受访者的支付意愿在 11～20 元，其中城镇和农村受访者分别为 64 位和 56 位；有 59 位受访者的支付意愿在 21～50元，其中城镇和农村受访者分别为 39 位和 20 位；有 7 位受访者的支付意愿在 51～100 元，全部为城镇受访者。可知，受访者的支付意愿主要集中在 0～10元档次。

此外，城镇和农村受访者中分别有 53 人和 75 人的支付意愿为 0，共计 128 人。城镇受访者不愿意支付主要是因为受访者认为水生态环境破坏属于公共服务，应由政府负责；农村受访者不愿意支付除了因为受访者认为水生态环境破坏属于公共服务，应由政府负责，更多的受访者是因为收入水平低而无力承担。

表5-8　受访者的最终支付意愿

选项	分类	区域	样本量(个)	比例(%)
受访者的支付意愿	0~10元	整体	494	72.65
		城镇	243	68.84
		农村	251	76.76
	11~20元	整体	120	17.65
		城镇	64	18.13
		农村	56	17.12
	21~50元	整体	59	8.67
		城镇	39	11.05
		农村	20	6.12
	51~100元	整体	7	1.03
		城镇	7	1.98
		农村	0	0.00

资料来源：根据调研问卷整理而得，其中整体、城镇、农村分别为占680个、353个、327个愿意参与的样本比例。

5.2.3　CE下的支付意愿

（1）属性重要性认识。对受访者水生态环境属性重要性认识的调研，可以佐证CE中各属性价值的估计结果。首先，仅就选择“非常重要”的受访者人数对各属性重要性进行排序，在整体、城镇和农村受访者中，相应的排序都依次为水质、河流的面积/水量、支付金额、水土流失情况、动物种类/数量，说明整体、城镇和农村受访者对各属性不同重要性的认识一致。其次，在整体、城镇和农村受访者中，超过70%的人认为水质“非常重要”，超过半数的城镇受访者和接近半数的整体和农村受访者认为河流的面积/水量“非常重要”，这源于水资源与人类生活息息相关，对人的身体健康有重要影响，且反映出城镇受访者更重视水生态环境。再次，在对水土流失情况、动物种类/数量和支付金额的认识中，认为“非常重要”的受访者少于认为“重要”的受访者，说明相较于水质、河流的面积/水量等属性，水土流失情况、动物种类/数量、支付金额的重要性要低一些。然后，不同于水质、河流的面积/水量在“重要及以上”（整体分别占比为97.15%、82.67%，城镇分别占比为97.29%、84.24%，农村分别占比为97.01%、81.10%）和“一般及以下”（整体分别占比为2.85%、17.73%，城镇分别占比为2.71%、15.76%，农村分别占比为2.99%、18.90%）的占比出现显著差异，水土流失情况、动物种类/数量在“一般及以下”的整体占比为35.05%、45.91%，城镇占比为35.22%、41.13%，农村占比为34.83%、50.75%，即对于水土流失情况和动物种类/数量，有四成左右的受访者认为其重要性在“一般及以下”，其中城镇受访者对水土流失情况的重视程度低于农村受访者，而对动物种类/数量的重视程度高于农村受访者。相较于其他因素，受访者对改善水土流失情况和动物种类/数量的偏好较小，这主要是因为受访者认为其与生活环境相关性较少，认为其重要性偏低也较合理。最后，对于支付金额，城镇受访者和农村受访者出现明显差异，城镇受访者中33.00%的居民认为支付金额的重要性为“一般及以下”，农村受访者中仅有17.91%的居民认为支付金额的重要性为“一般及以下”，说明农村受访者对支付金额的重视程度高于城镇受访者，这主要与城镇和农村受访者的社会经济情况有关，详见表5-9。

表5-9　水生态环境属性重要性认识

属性	区域	非常重要	重要	一般	不重要	不清楚
水质	整体	619(76.61%)	166(20.54%)	16(1.98%)	5(0.62%)	2(0.25%)
	城镇	334(82.27%)	61(15.02%)	9(2.22%)	2(0.49%)	0(0.00%)
	农村	285(70.89%)	105(26.12%)	7(1.74%)	3(0.75%)	2(0.50%)
河流的面积/水量	整体	384(47.52%)	284(35.15%)	117(14.48%)	12(1.49%)	11(1.36%)
	城镇	205(50.49%)	137(33.75%)	54(13.30%)	5(1.23%)	5(1.23%)
	农村	179(44.53%)	147(36.57%)	63(15.67%)	7(1.74%)	6(1.49%)
水土流失情况	整体	180(22.28%)	345(42.70%)	213(26.36%)	53(6.56%)	17(2.10%)
	城镇	96(23.65%)	167(41.13%)	114(28.08%)	22(5.42%)	7(1.72%)
	农村	84(20.89%)	178(44.28%)	99(24.63%)	31(7.71%)	10(2.49%)
动物种类/数量	整体	116(14.36%)	321(39.73%)	295(36.51%)	56(6.93%)	20(2.47%)
	城镇	76(18.72%)	163(40.15%)	135(33.25%)	26(6.40%)	6(1.48%)
	农村	40(9.95%)	158(39.30%)	160(39.80%)	30(7.47%)	14(3.48%)

续表

属性	区域	非常重要	重要	一般	不重要	不清楚
支付金额	整体	249(30.82%)	353(43.69%)	165(20.42%)	35(4.33%)	6(0.74%)
	城镇	104(25.62%)	168(41.38%)	107(26.35%)	25(6.16%)	2(0.49%)
	农村	145(36.07%)	185(46.02%)	58(14.43%)	10(2.49%)	4(0.99%)

资料来源：根据调研问卷整理而得，其中整体、城镇、农村分别为占808个、406个、402个有效样本的比例。

（2）属性重视程度。受访者在完成选择集的选择后，对进行选择时不同属性的重视程度再次选择，可以很好地验证受访者是否遵循属性重要性偏好进行选择、选择过程是否具有可信性、估计结果是否真实可靠。首先，对选择“总是重视”的受访者人数进行排序，在整体、城镇和农村受访者中，相应的排序都依次为水质、河流的面积/水量、支付金额、水土流失情况、动物种类/数量，这与属性重要性的排序一致。其次，对于水质和河流的面积/水量，选择“总是重视”和选择“偶尔重视及以下”的受访者人数出现显著差异，前者（整体分别占比为80.69%、68.19%，城镇分别占比为83.99%、70.20%，农村分别占比为77.36%、66.17%）显著多于后者（整体分别占比为19.31%、31.81%，城镇分别占比为16.01%、29.80%，农村分别占比为22.64%、33.83%）；对于水土流失情况和动物种类/数量，选择“总是重视”的人数（整体分别占比为37.75%、16.58%，城镇分别占比为36.21%、18.72%，农村分别占比为39.30%、14.43%）少于“偶尔重视及以下”的人数（整体分别占比为62.25%、83.42，城镇分别占比为63.79%、81.28%，农村分别占比为60.70%、85.57%）；城镇受访者对水质、河流的面积/水量、动物种类/数量的重视程度高于农村受访者，而对水土流失情况的重视程度低于农村受访者，这与各属性不同重要性选择间的差异分布基本一致。再次，对于支付金额，选择“总是重视”的人数（整体、城镇、农村分别占比为57.06%、51.23%、62.94%）多于“偶尔重视及以下”的人数（整体、城镇、农村分别占比为42.94%、48.77%、37.06%），其中农村受访者对支付金额的重视程度高于城镇受访者，这与货币属性的重要性认识一致。最后，依据各属性不同重视程度的选择人数变化，可知受访者对水质、河流的面积/水量、支付金额的重视程度高于水土流失情况、动物种类/数量，与属性重要性的反映也基本一致，详见表5－10。

表 5-10　　水生态环境属性重视程度

属性	区域	总是重视	偶尔重视	从不重视
水质	整体	652(80.69%)	137(16.96%)	19(2.35%)
	城镇	341(83.99%)	58(14.29%)	7(1.72%)
	农村	311(77.36%)	79(19.65%)	12(2.99%)
河流的面积/水量	整体	551(68.19%)	173(21.41%)	84(10.40%)
	城镇	285(70.20%)	84(20.69%)	37(9.11%)
	农村	266(66.17%)	89(22.14%)	47(11.69%)
水土流失情况	整体	305(37.75%)	374(46.29%)	129(15.96%)
	城镇	147(36.21%)	190(46.80%)	69(16.99%)
	农村	158(39.30%)	184(45.77%)	60(14.93%)
动物种类/数量	整体	134(16.58%)	464(57.43%)	210(25.99%)
	城镇	76(18.72%)	236(58.13%)	94(23.15%)
	农村	58(14.43%)	228(56.72%)	116(28.85%)
支付金额	整体	461(57.06%)	266(32.92%)	81(10.02%)
	城镇	208(51.23%)	146(35.96%)	52(12.81%)
	农村	253(62.94%)	120(29.85%)	29(7.21%)

资料来源：根据调研问卷整理而得，其中整体、城镇、农村分别为占 808 个、406 个、402 个有效样本的比例。

综上所述，选择实验后对受访者进行选择时的属性重视程度与选择实验前对受访者属性重要性的认识结果一致，能够客观真实地反映出受访者进行选择实验时，依据各属性的重要性偏好进行选择，选择结果可以反映受访者的真实意愿。

（3）零支付意愿。选择实验法的零支付意愿指的是受访者对所有选择集都选择“维持现状”，在整体 808 份样本中，共 83 人表现出零支付意愿，其中城镇受访者和农村受访者分别为 37 人和 46 人。根据其在选择集后填写的选择“维持现状”的原因，城镇受访者中有 21 人表示“应由政府负责”，有 10 人表示“收入水平低，无法承受”，有 5 人表示“应由污染企业负责”，有 1 人表示“个人原因”；农户受访者中有 31 人表示“收入水平低，生活负担重”，9 人表示“应由政府负责”，4 人表示“应由污染企业负责”，2 人表示“个人原因”。

特别地，CE 中的零支付意愿人数明显少于 CVM 中的零支付意愿人数，这可能是因为：与受访者在 CVM 中灵活回答最终金额不同，CE 直接给受访者提供选择集进行选择，多数受访者可以比较得到自己偏好的选项，进而提高假想市场的可靠性，降低选择“维持现状”的频数。因此，与 CVM 相比，CE 中的零支付意愿较低、正支付率较高。

5.3　CVM 部分支付意愿的计算与经济学验证

5.3.1　变量的选择与定义

理论上而言，受访者的支付意愿受多方面因素的影响，借鉴已有研究，引入的解释变量主要分为四类：（1）受访者个人特征变量，包括户籍、性别、年龄、受教育程度、职业、在当地生活时长；（2）受访者家庭特征变量，包括家庭人口数、家庭平均月收入；（3）受访者外部环境认知变量，包括受访者对当地河流/湖泊等水生态环境的态度、河流/湖泊等环境问题对受访者的负面影响；（4）受访者决策背景认知变量，包括受访者对渭河流域相关政策了解程度、渭河流域生态环境改善是否具有急迫性、参与渭河流域生态建设的程度。具体的变量名称、定义与赋值如表 5 - 11 所示。

表 5-11　CVM 下受访者支付意愿解释变量说明

变量分类	变量名称	定义与赋值
个人特征变量	Hou	受访者户籍,虚拟变量:城镇 = 1;农村 = 0
	Gen	受访者性别,虚拟变量:男性 = 1;女性 = 0
	Age	受访者年龄,实际值(岁)
	Edu	受访者受教育程度,小学及以下 = 1;初中 = 2;高中/中专 = 3;大专 = 4;本科 = 5;硕士及以上 = 6
	Job	受访者职业,国家机关、企业、事业单位人员 = 1;普通工人 = 2;商人 = 3;打工者 = 4;农民 = 5;无职人员(包括无业、离退休、学生等) = 6;其他 = 7
	Per	受访者在当地生活时长,10 年以下 = 1;(10,20) = 2;(20,30) = 3;(30,40) = 4;(40,50) = 5;50 年及以上 = 6
家庭特征变量	Pop	受访者家庭人口数,实际值(人)
	Inc	受访者家庭平均月收入,2000 元以下 = 1;(2000 ~ 4000) = 2;(4000 ~ 6000) = 3;(6000 ~ 10000) = 4;(10000 ~ 15000) = 5;(15000 ~ 20000) = 6;20000 元以上 = 7
外部环境认知变量	Att	对当地河流/湖泊等水生态环境的态度,很不满意 = 1;不满意 = 2;一般 = 3;满意 = 4;非常满意 = 5
	Aff	河流/湖泊等环境问题对受访者的负面影响,非常小 = 1;比较小 = 2;一般 = 3;比较大 = 4;非常大 = 5
决策背景认知变量	Und	受访者对渭河流域相关政策了解程度,不了解 = 1;知道一点 = 2;了解 = 3;很了解 = 4
	Urg	渭河流域生态环境改善是否具有急迫性,不必改善 = 1;不急迫 = 2;一般 = 3;急迫 = 4;非常急迫 = 5
	Par	参与渭河流域生态建设的程度,非常小 = 1;比较小 = 2;一般 = 3;比较大 = 4;非常大 = 5

资料来源：根据已有文献整理而得。

5.3.2　估计模型的选择与构建

如前所述，受访者进行开放双边界二分式的决策经历三个阶段，若只分析第一阶段的询价结果，则为一般的单边界二分式分析；若综合分析第一、第二阶段的询价结果，则为双边界二分式分析；经过第一、第二阶段的询价后，受访者在第三阶段自行回答的数额真实反映心中的最大支付意愿，较双边界二分式的结果更具有效性。为观察不同决策阶段的支付意愿差异，本书将分别构建局部决策过程模型和完整决策过程模型。

（1）单边界二分式模型构建。常用的二分式 CVM 评估主要有两种方式：卡梅伦（Cameron）的支出差异模型（expenditure difference model）和汉曼（Hanemann）的效用差异模型（utility difference model），本书采用效用差异模型。

在单边界二分式的 CVM 问卷中，假定受访者接受投标值、选择“是”时的效用为 U_i^Y，上标表示选择结果，下标表示第 i 个个体。该效用是随机变量且不可观测，并由投标值和决策个体所具有的经济属性变量、认知变量等解释，假设为线性关系，则 U_i^Y 可表示为：

$$U_i^Y = X_i B^Y + \mu_i^Y \tag{5-2}$$

其中，X_i 代表解释变量，B 代表待估计参数，μ_i 代表随机干扰项。类似地，若受访者不接受投标值、选择“否”时，效用为 U_i^N，可表示为：

$$U_i^N = X_i B^N + \mu_i^N \tag{5-3}$$

由于受访者知道自己的偏好，其行为选择将最大化自身效用，即若 $U_i^Y \geqslant U_i^N$，则受访者会选择“是”；反之，若 $U_i^Y < U_i^N$，则受访者会选择“否”。将式（5-2）与式（5-3）相减，则受访者选择“是”的概率为：

$$P_i(\text{是}) = P_i(U_i^Y - U_i^N \geqslant 0) = P_i\{[X_i(B^Y - B^N) + (\mu_i^Y - \mu_i^N) \geqslant 0]\} = P_i(\mu_i^* \leqslant X_i B) \tag{5-4}$$

其中，将 X_i（$B^Y - B^N$）、$\mu_i^N - \mu_i^Y$ 分别记为 X_iB、μ_i^*。欲估计上述模型，须为 μ_i^* 选择一种特定的概率分布，逻辑分布和标准正态分布为两种常用的分布式，形成可有效解决二分式问题的 *Logit* 模型和 *Probit* 模型。本书对两种模型均予以采用，以 μ_i^* 服从逻辑分布为例，假设 μ_i^* 的累积分布函数为 $F(X_iB)$，则：

$$P_i(\text{是}) = F(X_iB) = (1 + e^{-X_iB})^{-1} \tag{5-5}$$

对于初始投标值 T_0，将效用 U_i 表示为常数项 C、初始投标值 T_0、受访者社会经济特征变量 S_k、受访者认知变量 A_j 及随机干扰项 μ_i 的线性组合，即为 $U_i = C + \alpha T_0 + \sum_k \beta_k S_k + \sum_j \lambda_j A_j + \mu_i$，$\alpha$、$\beta$、$\lambda$ 表示待估计参数，根据式（5-5）可得：

$$P_i(\text{是}) = \frac{1}{1 + \exp(-C - \alpha T_0 - \sum_k \beta_k S_k - \sum_j \lambda_j A_j)} \tag{5-6}$$

此时，可推导得到单边界二分式概率函数的对数似然函数为 $\ln L = \sum_{i=1}^{n}[\delta_Y \ln P_i(是) + \delta_N \ln P_i(否)]$，选择“是”时，$\delta_Y = 1$，$\delta_N = 0$，反之类似。同时，可利用最大似然估计法估算各参数，并对式（5-6）积分，得到WTP的平均值：

$$WTP = \int_0^{T_{\max}} \frac{dT}{1 + \exp(-C - \alpha T_0 - \sum_k \beta_k S_k - \sum_j \lambda_j A_j)} \quad (5-7)$$

（2）双边界二分式模型构建。双边界二分式下受访者的选择与单边界情形不同，对初始投标值 T_0、较高投标值 T_h 和较低投标值 T_l 组成的投标方案的支付意愿，一共会产生“是—是”“是—否”“否—是”“否—否”四种结果。设受访者选择“是—是”“是—否”“否—是”“否—否”的概率分别为 $P_i(YY)$、$P_i(YN)$、$P_i(NY)$、$P_i(NN)$，则依据单边界二分式的概率计算原理，四种情况的概率函数分别为：

$$P_i(YY) = 1 - \frac{1}{1 + \exp(C + \alpha T_h + \sum_k \beta_k S_k + \sum_j \lambda_j A_j)} \quad (5-8)$$

$$P_i(YN) = \frac{1}{1 + \exp(C + \alpha T_h + \sum_k \beta_k S_k + \sum_j \lambda_j A_j)} - \frac{1}{1 + \exp(C + \alpha T_0 + \sum_k \beta_k S_k + \sum_j \lambda_j A_j)} \quad (5-9)$$

$$P_i(NY) = \frac{1}{1 + \exp(C + \alpha T_0 + \sum_k \beta_k S_k + \sum_j \lambda_j A_j)} - \frac{1}{1 + \exp(C + \alpha T_L + \sum_k \beta_k S_k + \sum_j \lambda_j A_j)} \quad (5-10)$$

$$P_i(NN) = \frac{1}{1 + \exp(C + \alpha T_l + \sum_k \beta_k S_k + \sum_j \lambda_j A_j)} \quad (5-11)$$

此时，可推导出双边界二分式概率函数的对数似然函数为：

$$\ln L = \sum_{i=1}^{n}[\delta_{YY} \ln P_i(YY) + \delta_{YN} \ln P_i(YN) + \delta_{NY} \ln P_i(NY) + \delta_{NN} \ln P_i(NN)] \quad (5-12)$$

当受访者选择“是—是”时，式（5-12）中指示参数 $\delta_{YY} = 1$、$\delta_{YN} = \delta_{NY}$

$=\delta_{NN}=0$，其他回答亦然。利用最大似然估计法估求得各参数后，可估算出 WTP 的平均值：

$$WTP_{mean} = \int_0^{T_{\max}} \frac{dT}{1 + \exp(-C - \alpha T_0 - \sum_k \beta_k S_k - \sum_j \lambda_j A_j)} \quad (5-13)$$

（3）开放双边界二分式模型构建。开放双边界二分式问卷的优势在于其最终所得结果为一个确切的数额，此时运用非参数方法对数据进行计算，可得：

$$E\,(WTP)_{正} = \sum_i A_i P_i \quad (5-14)$$

其中，A_i 代表受访者最终回答的支付金额，P_i 代表受访者选择此金额的概率，i 代表所有的支付金额可能。

由于 CVM 问卷中包含零支付，若剔除样本中的零值，不仅会缩小样本规模，还会造成抽样偏差、导致估计偏误。近年来，拓展于 Probit 模型的 Tobit 模型被广泛应用于零值的解释，被认为是可以较好处理零值的受限被解释变量分析模型。Tobit 模型的一般形式可表示为：

$$Y_i^* = \beta^T X_i + \mu_i, \mu_i \sim N(0, \delta^2) \quad (5-15)$$

$$Y_i = \begin{cases} Y_i^* & 若\ Y_i^* > 0 \\ 0 & 若\ Y_i^* \leqslant 0 \end{cases}$$

其中，Y_i、X_i、β^T、μ_i 分别代表被解释变量、解释变量、未知参数和残差项，Y_i 只能通过受限制的方式被观测到，当 $Y_i^*>0$ 时，$Y_i=Y_i^*$，称 Y_i 为“无限制”观测值；当 $Y_i^*\leqslant 0$ 时，$Y_i=0$，称 Y_i 为“受限”观测值；潜变量 Y_i^* 满足经典线性假定，即服从具有线性条件均值的正态同方差分布。因此，根据式（5-15）可得：

$$P(Y_i = 0) = P(Y_i^* \leqslant 0) = \Phi\left(\frac{\mu}{\delta} \leqslant -\frac{X_i\beta^T}{\delta}\right) = \Phi\left(-\frac{X_i\beta^T}{\delta}\right) = 1 - \Phi\left(\frac{X_i\beta^T}{\delta}\right) \quad (5-16)$$

其中，Φ 为标准正态分布函数。根据式（5-16）可得模型的对数似然函数，并通过最大化该对数似然函数，可得各参数的最大似然估计值。

$$\ln L = \sum_{Y_i>0} -\frac{1}{2}\left\{\ln(2\pi) + \ln\delta^2 + \frac{(Y_i - X_i\beta^T)^2}{\delta^2} + \sum_{Y_i=0} \ln\left[1 - \Phi\left(\frac{X_i\beta^T}{\delta}\right)\right]\right\} \quad (5-17)$$

然而，Tobit 模型是将受访者都假定为愿意参与支付，将真正的零支付和抗议性零支付均界定为角解，这显然不符合受访者的实际决策过程。在实际调研中，受访者存在“参与与否”和“支付多少”两个决定，当其决定不参与时，Tobit 模型的假设将不成立；当两个决定不是同时完成时，将所有零支付都视为角解也不成立。吴佩瑛、萨尔瓦多和保罗（Salvador & Paul）、纳撒利（Nathalie）等认为 Double－hurdle（D－H）模型较之 Tobit 模型，能更好地对零支付和抗议性答复进行估计。一方面，D－H 模型将受访者的决策过程分为两个槛，分别是“决定是否参与支付”和“决定支付多少金额”，更加契合受访者真实支付行为的同时，可以比较分析影响两个槛的因素的差异；另一方面，D－H 模型允许真正零支付和抗议性零支付的同时存在，能更为合理和全面地解释受访者的支付意愿决策。D－H 的模型形式为：

$$D_i = \alpha Z_i + \varepsilon_i \quad \varepsilon_i \sim N(0,1) \tag{5-18}$$

$$Y_i^* = \beta X_i + \mu_i \quad \mu_i \sim N(0,\delta^2) \tag{5-19}$$

其中，式（5－18）为第一个槛，即参与方程，当受访者决定参与时，$D_i=1$，反之，$D_i=0$。式（5－19）为第二个槛，即支付方程，Y_i^* 为潜变量，代表受访者心中的支付金额，α、β 分别代表待估计参数，Z_i、X_i 分别代表影响参与和支付的解释变量，ε_i、μ_i 分别为随机干扰项且二者彼此独立。

当且仅当受访者 i 的 $D_i=1$ 且心中支付金额 $Y_1^*>0$ 时，其回答的支付金额 $Y_i^D=Y_i^*$，在其他情况下，$Y_i^D=0$，即：

$$Y_i^D = \begin{cases} Y_i^* & \text{当 } D_i = 1 \text{ 且 } Y_i^* > 0 \\ 0 & \text{其他情况} \end{cases} \tag{5-20}$$

结合式（5－18）、式（5－19）和式（5－20），D－H 模型的概率似然函数为：

$$L = \prod_{Y_i^D=0}\left[1-\varphi(\alpha Z_i)\varphi_i\left(\frac{\beta X_i}{\delta}\right)\right]\prod_{Y_i^D>0}\left[\varphi(\alpha Z_i)\frac{1}{\delta}\varphi_i\left(\frac{Y_i^D-\beta X_i}{\delta}\right)\right] \tag{5-21}$$

其中，φ、ϕ 分别代表标准正态分布的累积函数和密度函数。

在分析受访者支付意愿的影响因素时，本书将分别利用 Tobit 模型和 D－H 模型进行估计，通过比较两种模型的差异，选择较优的方法确定受访者的支付意愿。

5.3.3 CVM下支付意愿的计算及检验

（1）模型估计与显著性检验。运用Stata13.0，对前文构建的模型进行估计。其中，在单、双边界的模型中，对受访者投标值的回答赋值“是=1，否=0”；在开放式双边界二分式的模型中，以受访者回答的支付金额作为Tobit模型和D-H模型支付方程的被解释变量，以是否参与（参与=1，不参与=0）作为D-H模型参与方程的被解释变量。各模型的估计结果如表5-12、表5-13和表5-14所示。

①整体模型估计与显著性检验。在离散选择模型的整体检验中，似然比（Likelihood Rate，LR）检验是常用的检验方法。本书对所有模型进行LR检验，具体如表5-12所示。各模型的LR值依次为297.17、297.47、320.89、322.13、145.42、82.72、164.93，均大于1%显著性水平下、相应自由度下的χ^2临界值，即在1%的显著性水平下通过LR检验，说明各模型的联合显著性均较高，模型整体具有较好的解释力。此外，各模型中重要变量的显著性也在一定程度上说明实现了较好的模型估计。

由表5-12可知，在不同决策过程的模型估计下，自变量的显著性既有相同，又呈现出一些差异。在单边界二分式下，整体Logit模型和Probit模型的变量显著性一致，常数项C、投标值T、户籍Hou、性别Gen、受教育程度Edu、家庭平均月收入Inc对整体受访者的支付意愿有显著影响。其中，投标值T通过了1%水平的显著性检验，且与支付意愿负相关，即投标值越大，受访者的支付意愿越低。受访者对于投标值T反应的影响显而易见，至于户籍Hou、性别Gen、受教育程度Edu和家庭平均月收入Inc，则分别通过了10%、1%、5%和1%的显著性检验，且均与支付意愿正相关。户籍Hou的正相关说明城镇受访者的支付意愿高于农村受访者，这可能是因为城镇受访者的受教育程度与收入水平普遍高于农村受访者，更关注水生态环境的改善且更有能力对旨在保护和改善水生态环境的生态补偿给予支付。整体受访者中，男性的支付意愿高于女性，这可能是因为男性的社会交往更为广泛，且较之女性更关注社会问题，所以其支付意愿高于女性。受访者的受教育程度越高，则环境保护意识、责任意识越高，越支持生态环境的相关政策，对同一支付金额的接受性越强。至于家庭平均月收入的影响方向，与以往研究中受访者的收入水平越高则越有能力负担对上游保护水生态环境的支付、面对支付金额有更强意愿的结论一致。

表 5-12　**CVM 下整体支付意愿影响因素的各模型估计结果**

变量名称	局部决策结果				完整决策结果		
	单边界二分式		双边界二分式		开放双边界二分式		
						D-H	
	Logit	Probit	Logit	Probit	Tobit	参与方程	支付方程
常数项 C	1.055** (2.25)	0.696** (2.58)	3.786*** (3.17)	2.013*** (3.01)	-2.470*** (-4.48)	-0.397*** (-3.30)	-8.436*** (-4.95)
T	-0.192*** (-12.04)	-0.112*** (-13.18)	-0.148*** (-13.86)	-0.088*** (-14.95)	——	——	——
Hou	0.557* (1.78)	0.323* (1.79)	0.171* (1.88)	0.105* (1.72)	0.968** (2.25)	0.424** (2.34)	0.449** (2.32)
Gen	0.792*** (3.74)	0.455*** (3.70)	0.726*** (4.39)	0.416*** (4.27)	5.002*** (5.10)	0.151*** (4.37)	4.807*** (4.23)
Age	-0.016 (-0.15)	-0.009 (-0.16)	-0.065 (-0.76)	-0.031 (-0.64)	-0.149 (-0.30)	-0.024 (-0.37)	-0.458 (-0.86)
Edu	0.012** (2.33)	0.005** (2.08)	0.025* (1.78)	0.002* (1.88)	0.693** (2.17)	0.063** (2.08)	0.615** (2.25)
Job	-0.023 (-0.35)	-0.008 (-0.21)	-0.009 (-0.19)	-0.003 (-0.11)	-0.129 (-0.42)	-0.044 (-1.16)	-0.265 (-0.81)
Per	0.008 (0.09)	0.013 (0.26)	0.076 (1.05)	0.040 (0.95)	-0.287 (-0.69)	-0.045 (-0.87)	-0.254 (-0.56)
Pop	-0.096 (-1.02)	-0.060 (-1.10)	-0.078 (-1.04)	-0.051 (-1.15)	-0.616 (-1.38)	-0.096 (-1.06)	-0.731 (-1.47)

续表

变量名称	局部决策结果				完整决策结果		
	单边界二分式		双边界二分式		开放双边界二分式		
	Logit	Probit	Logit	Probit	Tobit	D－H	
						参与方程	支付方程
Inc	0.659*** (5.14)	0.381*** (5.21)	0.655*** (6.59)	0.380*** (6.75)	4.496*** (8.29)	0.456*** (5.89)	5.433*** (9.07)
Att	－0.140 (－1.07)	－0.086 (－1.13)	－0.136* (－1.84)	－0.093* (－1.88)	－1.281** (－2.11)	－0.095** (－2.18)	－1.532** (－2.24)
Aff	－0.129 (－1.24)	－0.083 (－1.39)	－0.063 (－0.79)	－0.020 (－0.42)	0.391 (0.81)	0.073 (1.22)	0.453 (0.85)
Und	0.214 (1.22)	0.101 (1.02)	0.074 (0.56)	0.040 (0.51)	0.009 (0.01)	0.179 (1.52)	0.557 (0.63)
Urg	0.062 (0.40)	0.031 (0.34)	0.224 (1.51)	0.128 (1.43)	0.097 (0.13)	0.224*** (2.62)	1.023 (1.28)
Par	0.197 (1.52)	0.125 (1.54)	－0.184* (－1.80)	－0.121* (－1.91)	0.684 (1.29)	0.074 (0.99)	0.484 (0.79)
LR	297.17	297.47	320.89	322.13	145.42	82.72	164.93
Prob > chi2	0.000	0.000	0.000	0.000	0.000	0.000	0.000
Pseudo R^2	0.321	0.321	0.183	0.183	0.027	0.147	0.033
Log likelihood	－314.461	－314.310	－718.236	－717.616	－2655.413	－240.826	－2421.860

资料来源：利用 stata 软件测算而得，保留三位小数，Tobit 和 D－H 支付方程的括号内为 t 统计量，其余的括号内为 Z 统计量。***、**、* 分别代表在 1%、5%、10% 水平下显著。

在双边界二分式下的整体 Logit 模型和 Probit 模型中，除与单边界二分式下影响方向相同的常数项 C、投标值 T、户籍 Hou、性别 Gen、受教育程度 Edu、家庭平均月收入 Inc 等变量显著外，整体受访者对当地水生态环境的态度 Att 和参与渭河流域生态建设的程度 Par 也对支付意愿有显著影响，且上述变量在两种模型中影响方向相同，均通过 10% 水平下的显著性检验。其中，由于双边界二分式的变量设置与单边界二分式的具有相似性，因此投标值 T、户籍 Hou、性别 Gen、受教育程度 Edu、家庭平均月收入 Inc 等变量的影响方向的解释与单边界二分式情况下的解释相同，在此不予赘述。对于对当地水生态环境的态度 Att 与支付意愿负相关，说明当受访者对水生态环境现状越满意时，对旨在激励上游居民保护水生态环境的支付持不支持态度，满意程度越高则不支持的态度也随之变强，对同一支付金额的拒绝性越高。对于受访者参与渭河流域生态建设的程度 Par 与支付意愿正相关，即受访者参与渭河流域生态建设的程度越大时，其接受支付金额的可能性越高。这源于受访者参与渭河流域生态建设时，对旨在保护与建设水生态环境的支付持支持态度，参与程度越大则支持态度也就越强，对同一支付金额的接受性越强。

在开放双边界二分式下的整体 Tobit 模型中，常数项 C、户籍 Hou、性别 Gen、受教育程度 Edu、家庭平均月收入 Inc、对当地水生态环境的态度 Att 等变量对支付金额有显著影响，均能通过 10% 水平下的显著性检验。在影响方向上，户籍 Hou、性别 Gen、受教育程度 Edu 和家庭平均月收入 Inc 与支付金额正相关，即城镇受访者或男性愿意支付的金额高于农村受访者或女性，受教育程度越高、家庭平均月收入越高的受访者愿意支付的金额也越高。这与单、双边界二分式时，城镇受访者或男性或受教育程度越高或家庭平均月收入越高的受访者的支付可能性越高具有一致性。对当地水生态环境的态度 Att 与支付金额负相关，即对当地水生态环境越满意的受访者则愿意支付的金额越低，这与单、双边界二分式下对当地水生态环境越满意的受访者的支付可能性越低也具有一致性。

在开放双边界二分式下整体 D - H 模型的参与方程中，常数项 C、户籍 Hou、性别 Gen、受教育程度 Edu、家庭平均月收入 Inc、对当地水生态环境的态度 Att、渭河流域生态环境改善是否具有急迫性 Urg 等变量显著影响整体受访者是否愿意参与支付，且均能通过 10% 水平下的显著性检验。其中，户籍 Hou、性别 Gen、受教育程度 Edu、家庭平均月收入 Inc 对受访者是否愿意参与支付具有正向影响，这符合前文城镇受访者、男性、受教育程度越高或家庭平均月收入越高的受访者越愿意参与支付以保护生态环境的解释。对于渭河流域生态环境改善是否具有急迫性 Urg 正向影响受访者愿意参与支付，可能是因为当受访者认为渭河流域生态环境改善急迫性高时，对参与旨在激励保护水生态环境的支付意愿或兴趣会上升，其参与意愿也会随之提高。对当地水生态环境的态度 Att 具有5%显著性水平下的负向影响，即受访者对当地水生态环境越满意越不愿意参与支付，说明当受访者对水生态环境满意度越高时，其对参与保护水生态环境的意愿会降低，其参与意愿也会降低。

在开放双边界二分式下整体 D－H 模型的支付方程中，常数项 C、户籍 Hou、性别 Gen、受教育程度 Edu、家庭平均月收入 Inc、对当地水生态环境的态度 Att 等变量显著影响整体受访者愿意支付的金额，均能通过10%水平上的显著性检验，且影响方向与 Tobit 模型相同。即城镇受访者或男性愿意支付的金额高于农村受访者或女性，受教育程度越高、家庭平均月收入越高的受访者愿意支付的金额越高。对当地水生态环境越满意，愿意支付的金额越低。对于上述变量的解释与 Tobit 模型下的解释相同，在此不予赘述。在整体 D－H 参与方程和支付方程中，户籍 Hou、性别 Gen、受教育程度 Edu、家庭平均月收入 Inc、对当地水生态环境的态度 Att 等变量同时影响渭河流域下游居民"参与与否"和"支付多少"两个决策，其他显著影响因素则不完全相同，说明整体受访者的意愿偏好由两个不同过程组成，应分别进行分析。

由上述分析可知，在不同决策过程下，虽然变量的显著性存在差异，但总体类似：投标值 T、户籍 Hou、性别 Gen、受教育程度 Edu、家庭平均月收入 Inc 等变量是所有模型中影响整体受访者支付意愿的主要显著变量。对当地水生态环境的态度 Att、渭河流域生态环境改善是否具有急迫性 Urg、参与渭河流域生态建设的程度 Par 等显著变量的差异源于不同决策过程下因变量设置的不同。对当地水生态环境的态度 Att 在单边界二分式模型下不显著，可能是因为受访者对于一次性的问答，通常会直接关注金额本身，较少考虑外界因素。渭河流域生态环境改善是否具有急迫性 Urg 只在 D－H 模型参与方程中显著，可能是因为受访者对渭河流域生态环境改善急迫性的判断直接影响其是否愿意参与支付，但是否给予支付和支付的多少不会因此产生特应性变化，因而在其他模型中的影响不显著。参与渭河流域生态建设的程度 Par 在单边界二分式和 Tobit 模型、D－H 模型参与方程和支付方程下不显著，可能是因为在单边界二分式下，对于一次性回答，受访者会更关注金额本身而较少顾及外界因素，而在 Tobit 模型和 D – H 模型参与方程和支付方程下，参与渭河流域生态建设的程度 Par 会被经济收入、支付金额的改变稀释、模糊，因而参与渭河流域生态建设的程度 Par 将不会显著反映情况。特别地，在单、双边界二分式下，Logit 和 Probit 模型二者的显著变量和影响方向完全相同，这说明变量显著性结果整体具有趋同性，所示变量可以较好地解释模型。

此外，在所有估计模型中没有发现年龄 Age、职业 Job、在当地生活时长 Per、家庭人口 Pop、河流/湖泊等环境问题对受访者的负面影响 Aff、受访者对渭河流域相关政策了解程度 Und 等变量对整体受访者支付意愿或参与支付或支付金额有显著影响。这可能源于，首先，年龄 Age 不具有显著影响，主要是因为 35 岁以下受访者通常受教育程度较高，但收入水平受限，35 ~ 55 岁间的受访者虽收入水平较高，但大多要负担家庭的开支，生活压力较大，超过 55 岁的受访者普遍受教育程度较低且收入水平较低。受访者的年龄 Age 在生活环境、经济收入等因素的综合影响下，对支付意愿和支付金额的反映被模糊、稀释，因而不会显著影响受访者的支付行为。其次，流域生态服务价值补偿的实施影响的是整个区域而非特定的群体，对个人所产生的成本效应并无差异，受访者的职业 Job 和在当地生活时长 Per 将不会对支付意愿和支付金额产生显著影响。再次，问卷中支付意愿和支付金额是在受访者综合考虑其他情况下基于个人而言的，家庭人口 Pop 的数量对支付意愿和支付金额不会产生显著影响。然后，虽然大部分受访者认为河流/湖泊等环境问题对自身的负面影响较大，但并没有将水生态环境作为生活中的一个关注点，即受访者感受到影响但也顺应并习惯这种影响，认为该影响已是生活常态，所以受访者的选择没有受到 Aff 的显著影响。最后，虽然受访者对政策的了解程度不一，但政策结果的影响却是同等的，了解程度不会显著影响受访者的偏好和选择，因此受访者对渭河流域相关政策了解程度 Und 没有显著影响支付意愿和金额是符合现实意义的。总之，CVM 下各模型都通过整体显著性检验，估计的结果具有真实性和可靠性；模型中变量的显著性及影响方向符合理论基础和客观规律，通过经济学验证；虽然不同决策过程中模型的估计结果存在差异，但都能较好地解释模型意义。

②城镇模型估计与显著性检验。如表 5 – 13 所示，各模型的 LR 值依次为 133.03、133.84、154.51、155.67、61.22、26.66、69.73，均大于 5% 显著性水平下、相应自由度下的 χ^2 临界值，即在 5% 的显著性水平下通过 LR 检验，说明各模型的联合显著性较高，模型整体具有较好的解释力。

表5-13　**CVM下城镇支付意愿影响因素的各模型估计结果**

变量名称	局部决策结果				完整决策结果		
	单边界二分式		双边界二分式		开放双边界二分式		
	Logit	Probit	Logit	Probit	Tobit	D-H	
						参与方程	支付方程
常数项C	2.400** (2.31)	1.449*** (3.67)	2.568*** (3.40)	1.912*** (3.25)	6.246*** (8.68)	0.347*** (-3.61)	2.636*** (5.29)
T	-0.166*** (-8.48)	-0.097*** (-9.24)	-0.144*** (-9.81)	-0.085*** (-9.50)	—	—	—
Gen	0.642** (2.26)	0.357** (2.11)	0.684*** (2.88)	0.378*** (2.76)	7.391*** (4.44)	0.123** (2.09)	6.028*** (3.54)
Age	-0.005 (-0.04)	-0.013 (-0.17)	-0.016 (-0.14)	-0.013 (-0.20)	-0.361 (-0.47)	-0.045 (-0.57)	-0.581 (-0.74)
Edu	0.146** (2.31)	0.094** (2.18)	0.043* (1.83)	0.025* (1.88)	0.785* (1.78)	0.042* (1.89)	0.815* (1.91)
Job	-0.066 (-0.69)	-0.040 (-0.72)	-0.027 (-0.37)	-0.020 (-0.45)	-0.092 (-0.67)	-0.036 (-0.70)	-0.234 (-0.43)
Per	0.002 (0.21)	0.010 (0.15)	0.004 (0.89)	0.042 (0.70)	-0.975 (-1.36)	-0.011 (-0.16)	-0.802 (-1.10)
Pop	-0.131 (-0.98)	-0.086 (-1.10)	-0.038 (-0.35)	-0.043 (-0.67)	-0.799 (-1.01)	-0.012 (-0.15)	-0.684 (-0.86)
Inc	0.578*** (3.46)	0.337*** (3.50)	0.430*** (3.42)	0.263*** (3.38)	3.761*** (4.32)	0.217** (2.41)	4.217*** (4.88)

续表

变量名称	局部决策结果				完整决策结果		
	单边界二分式		双边界二分式		开放双边界二分式		
						D－H	
	Logit	Probit	Logit	Probit	Tobit	参与方程	支付方程
Att	－0.293 * (1.78)	－0.164 * (－1.73)	－0.282 ** (－2.12)	－0.175 ** (－2.26)	－1.884 ** (－1.99)	－0.091 ** (2.15)	－2.148 ** (－2.24)
Aff	－0.112 (－0.80)	－0.067 (－0.74)	0.027 (0.24)	0.038 (0.60)	0.394 (0.50)	0.005 (0.07)	0.319 (0.41)
Und	0.325 (1.38)	0.173 (1.28)	0.285 (1.55)	0.140 (1.31)	0.074 (0.06)	0.225 (1.50)	0.960 (0.73)
Urg	－0.037 (－0.17)	－0.023 (－0.19)	－0.060 (－0.35)	－0.045 (－0.45)	0.928 (0.73)	0.253 ** (2.22)	0.571 (0.46)
Par	0.193 (1.21)	0.128 (1.37)	0.287 ** (2.27)	0.187 ** (2.49)	0.709 (0.78)	0.098 (1.07)	0.116 (0.13)
LR	133.03	133.84	154.51	155.67	61.22	26.66	69.73
Prob > chi2	0.000	0.000	0.000	0.000	0.000	0.021	0.000
Pseudo R^2	0.290	0.292	0.176	0.177	0.021	0.085	0.022
Log likelihood	－162.917	－162.512	－360.908	－360.323	－1443.221	－143.959	－1527.484

资料来源：利用 stata 软件测算而得，保留三位小数，Tobit 和 D－H 支付方程的括号内为 t 统计量，其余的括号内为 Z 统计量。***、**、* 分别代表在 1%、5%、10% 水平下显著。

由表5－13可知，在单边界二分式下，城镇Logit模型和Probit模型的变量显著性一致，常数项C、投标值T、性别Gen、受教育程度Edu、家庭平均月收入Inc、对当地水生态环境的态度Att对城镇受访者的支付意愿有显著影响，均能通过10%水平下的显著性检验。其中，对于投标值T、性别Gen、受教育程度Edu、家庭平均月收入Inc等变量的影响方向的解释与整体单边界二分式情况下的解释相同，在此不予赘述。对于对当地水生态环境的态度Att，当受访者对水生态环境现状越满意时，对旨在激励上游居民保护水生态环境的支付持不支持态度，满意程度越高则不支持的态度也随之变强，对同一支付金额的拒绝性也越高。

在双边界二分式下的城镇Logit模型和Probit模型中，除与单边界二分式下影响方向相同的常数项C、投标值T、性别Gen、受教育程度Edu、家庭平均月收入Inc、对当地水生态环境的态度Att等变量显著外，城镇受访者参与渭河流域生态建设的程度Par也对支付意愿有显著影响，且上述变量在两种模型中影响方向相同，均通过10%水平下的显著性检验。其中，对于投标值T、性别Gen、受教育程度Edu、家庭平均月收入Inc、对当地水生态环境的态度Att、参与渭河流域生态建设的程度Par等变量的影响方向的解释与整体双边界二分式情况下的解释相同，在此也不予赘述。

在开放式双边界二分式下的城镇Tobit模型中，常数项C、性别Gen、受教育程度Edu、家庭平均月收入Inc、对当地水生态环境的态度Att等变量对支付金额有显著影响，均能通过10%水平下的显著性检验。其中，对于性别Gen、受教育程度Edu、家庭平均月收入Inc、对当地水生态环境的态度Att等变量的影响方向的解释与整体双边界二分式下Tobit模型的解释相同，在此也不予赘述。

在开放双边界二分式下城镇D－H模型的参与方程中，常数项C、性别Gen、受教育程度Edu、家庭平均月收入Inc、对当地水生态环境的态度Att、渭河流域生态环境改善是否具有急迫性Urg等变量显著影响城镇受访者是否愿意参与支付，均能通过10%水平下的显著性检验。其中，对于性别Gen、受教育程度Edu、家庭平均月收入Inc、对当地水生态环境的态度Att、、渭河流域生态环境改善是否具有急迫性Urg等变量的影响方向的解释与整体开放双边界二分式下Tobit模型的解释相同，在此也不予赘述。

在开放双边界二分式下城镇D－H模型的支付方程中，常数项C、性别Gen、受教育程度Edu、家庭平均月收入Inc、对当地水生态环境的态度Att等变量对支付金额有显著影响，均能通过10%水平下的显著性检验，且影响方向与Tobit模型相同。即男性愿意支付的金额高于女性，受教育程度越高、家庭平均月收入越高的受访者愿意支付的金额越高。对当地水生态环境越满意，愿意支付的金额越低。对于上述变量的解释与Tobit模型下的解释相同，在此不予赘述。在城镇D－H参与方程和支付方程中，性别Gen、受教育程度Edu、家庭平均月收入Inc、对当地水生态环境的态度Att等变量同时影响渭河流域下游居民“参与与否”和“支付多少”两个决策，其他显著影响因素则不完全相同，说明城镇受访者的意愿偏好由两个不同过程组成，应分别进行分析。

由上述分析可知，在不同决策过程下，虽然变量的显著性存在差异，但总体类似：投标值T、性别Gen、受教育程度Edu、家庭平均月收入Inc、对当地水生态环境的态度Att等变量是所有模型中影响城镇受访者支付意愿的主要显著变量。渭河流域生态环境改善是否具有急迫性Urg、参与渭河流域生态建设的程度Par等显著变量的差异源于不同决策过程下因变量设置的不同，具体解释与整体情况下的相同。

此外，在所有模型中没有发现年龄Age、职业Job、在当地生活时长Per、家庭人口Pop、河流/湖泊等环境问题对受访者的负面影响Aff、受访者对渭河流域相关政策了解程度Und等对城镇受访者的支付意愿或支付金额有显著影响。对于这些变量对受访者支付意愿或参与支付或支付金额不产生显著影响的原因已在整体情况下进行解释。

③农村模型估计与显著性检验。如表5－14所示，各模型的LR值依次为162.63、163.01、173.42、174.93、140.44、142.29、246.79，均大于1%显著性水平下、相应自由度下的χ^2临界值，即在1%的显著性水平下通过LR检验，说明各模型的联合显著性较高，模型整体具有较好地解释力。

由表5－14可知，在单边界二分式下，农村Logit模型和Probit模型的变量显著性一致，常数项C、投标值T、性别Gen、受教育程度Edu、家庭平均月收入Inc对城镇受访者的支付意愿有显著影响。其中，常数项C和投标值T分别通过5%和1%的显著性检验，且均与支付意愿负相关，即投标值T越大，农村受访者的支付意愿越低；性别Gen、受教育程度Edu和家庭平均月收入Inc分别通过1%、5%、1%的显著性检验，且均与支付意愿正相关，即男性、受教育程度Edu越高或家庭平均月收入Inc越高，农村受访者的支付意愿越高。对于投标值T、性别Gen、受教育程度Edu、家庭平均月收入Inc等变量的影响方向的解释，与整体单边界二分式情况下的解释相同，在此不予赘述。

表5-14　CVM下农村支付意愿影响因素的各模型估计结果

变量名称	局部决策结果				完整决策结果		
	单边界二分式		双边界二分式		开放双边界二分式		
	Logit	Probit	Logit	Probit	Tobit	D-H	
						参与方程	支付方程
常数项C	-1.150** (-2.16)	-0.730** (-2.21)	-4.181** (-2.32)	-2.560** (-2.22)	-15.360*** (-3.32)	-2.041** (-2.04)	-21.206*** (-4.57)
T	-0.240*** (-8.02)	-0.139*** (-8.72)	-0.160*** (-9.54)	-0.096*** (-10.33)	——	——	——
Gen	0.841*** (2.61)	0.514*** (2.70)	0.817*** (-3.31)	0.476*** (-3.23)	1.996** (2.31)	0.128** (2.14)	2.125** (2.43)
Age	0.001 (0.01)	0.026 (0.26)	0.113 (0.80)	0.067 (0.83)	0.082 (0.17)	0.065 (0.59)	0.310 (0.64)
Edu	0.290** (2.43)	0.194** (2.03)	0.202** (2.24)	0.145* (1.73)	0.758** (2.36)	0.277** (2.20)	1.434** (2.60)
Job	-0.065 (-0.58)	-0.029 (-0.45)	-0.103 (-1.21)	-0.060 (-1.18)	-0.341 (-1.11)	-0.183** (-2.46)	-0.099 (-0.33)
Per	0.055 (0.41)	0.031 (0.39)	0.055 (0.50)	0.028 (0.44)	-0.267 (-0.70)	-0.078 (-0.93)	-0.089 (-0.24)
Pop	-0.084 (-0.58)	-0.053 (-0.62)	-0.165 (-1.41)	-0.089 (-1.33)	-0.394 (-1.02)	-0.389 (-0.75)	-1.113 (-0.95)
Inc	0.890*** (4.16)	0.530*** (4.28)	1.096*** (6.33)	0.640*** (6.52)	5.584*** (10.30)	1.321*** (7.84)	7.427*** (14.24)

续表

变量名称	局部决策结果				完整决策结果		
	单边界二分式		双边界二分式		开放双边界二分式		
						D-H	
	Logit	Probit	Logit	Probit	Tobit	参与方程	支付方程
Att	-0.158 (-0.71)	-0.071 (-0.55)	-0.138* (-1.81)	-0.099* (-1.86)	0.264** (2.43)	0.026** (2.19)	0.208** (2.34)
Aff	-0.111 (-0.69)	-0.083 (-0.87)	-0.147 (-1.20)	-0.086 (-1.16)	0.536 (1.19)	0.256** (2.55)	0.929 (1.10)
Und	0.084 (0.30)	0.023 (0.14)	0.165 (0.79)	0.085 (0.70)	-0.286 (-0.40)	0.212 (1.10)	-0.120 (-0.17)
Urg	0.336 (1.40)	0.193 (1.35)	0.517*** (2.73)	0.316*** (2.80)	1.448** (2.23)	0.282** (2.27)	1.823*** (2.95)
Par	0.283 (1.47)	0.169 (1.46)	0.123 (0.93)	0.081 (1.04)	0.621 (1.32)	0.026 (0.30)	0.419 (0.88)
LR	162.63	163.01	173.42	174.93	140.44	142.29	246.79
Prob > chi2	0.000	0.000	0.000	0.000	0.000	0.000	0.000
Pseudo R^2	0.359	0.360	0.201	0.203	0.060	0.368	0.095
Log likelihood	-145.333	-145.139	-345.163	-344.409	-1103.642	-122.299	-1175.981

资料来源：利用 stata 软件测算而得，保留三位小数，Tobit 和 D-H 支付方程的括号内为 t 统计量，其余的括号内为 Z 统计量。***、**、*分别代表在 1%、5%、10% 水平下显著。

在双边界二分式下的农村 Logit 模型和 Probit 模型中，除与单边界二分式下影响方向相同的常数项 C、投标值 T、性别 Gen、受教育程度 Edu、家庭平均月收入 Inc 等变量显著外，农村受访者对当地水生态环境的态度 Att 和渭河流域生态环境改善是否具有急迫性 Urg 也对支付意愿有显著影响，且上述变量在两种模型中影响方向相同，均通过 10% 水平下的显著性检验。其中，对于投标值 T、性别 Gen、受教育程度 Edu、家庭平均月收入 Inc、对当地水生态环境的态度 Att 等变量的影响方向的解释与整体双边界二分式情况下的解释相同，在此也不予赘述。对于渭河流域生态环境改善是否具有急迫性 Urg 正向影响农村受访者的支付意愿，源于当受访者认为渭河流域生态环境改善急迫性越高时，对旨在激励保护和改善水生态环境的支付持支持态度，认为改善渭河流域生态环境的急迫性越高则支持态度越强，对同一支付金额的接受性越高。

在开放双边界二分式下的农村 Tobit 模型中，常数项 C、性别 Gen、受教育程度 Edu、家庭平均月收入 Inc、对当地水生态环境的态度 Att、渭河流域生态环境改善是否具有急迫性 Urg 等变量对支付金额有显著影响，均能通过 10% 水平下的显著性检验。其中，对于性别 Gen、受教育程度 Edu、家庭平均月收入 Inc、对当地水生态环境的态度 Att 等变量的影响方向的解释与整体 Tobit 模型的解释相同，在此也不予赘述。对于渭河流域生态环境改善是否具有急迫性 Urg 与支付金额正相关，即受访者认为渭河流域生态环境改善越急迫则愿意支付的金额越高，这与双边界二分式下认为渭河流域生态环境改善越急迫的受访者的支付可能性越高具有一致性。

在农村开放双边界二分式下 D－H 模型的参与方程中，常数项 C、性别 Gen、受教育程度 Edu、职业 Job、家庭平均月收入 Inc、对当地水生态环境的态度 Att、河流/湖泊等环境问题对受访者的负面影响 Aff、渭河流域生态环境改善是否具有急迫性 Urg 等变量显著影响农村受访者是否愿意参与支付，且均能通过 10% 水平下的显著性检验。其中，对于常数项 C、性别 Gen、受教育程度 Edu、家庭平均月收入 Inc、对当地水生态环境的态度 Att、渭河流域生态环境改善是否具有急迫性 Urg 等变量的影响方向的解释与整体 D－H 模型的参与方程的解释相同，在此也不予赘述。对于职业 Job 在 5% 的显著性水平下具有负向影响，即农村受访者的职业越不稳定则参与支付的意愿越低，这可能是因为受访者个人所生存的小环境越差，则其越不具备关心自身所生存的大环境的主客观条件，参与保护水生态环境的意愿也会随之降低。对于河流/湖泊等环境问题对受访者的负面影响 Aff 在 5% 的显著性水平下与受访者愿意参与支付的意愿正相关，可能是因为当受访者认为河流/湖泊等环境问题对其造成的负面影响越大时，对参与旨在激励保护水生态环境的支付意愿或兴趣会上升，其参与意愿也会随之提高。

在农村开放双边界二分式下 D－H 模型的支付方程中，常数项 C、性别 Gen、受教育程度 Edu、家庭平均月收入 Inc、对当地水生态环境的态度 Att、渭河流域生态环境改善是否具有急迫性 Urg 等变量显著影响农村受访者愿意支付的金额，均能通过 10% 水平下的显著性检验，且影响方向与 Tobit 模型相同。对于上述变量的解释与农村 Tobit 模型的解释相同，在此也不予赘述。在农村 D－H 参与方程和支付方程中，性别 Gen、受教育程度 Edu、家庭平均月收入 Inc、对当地水生态环境的态度 Att、渭河流域生态环境改善是否具有急迫性 Urg 等变量同时影响渭河流域下游居民"参与与否"和"支付多少"两个决策，其他显著影响因素则不完全相同，说明农村受访者的意愿偏好由两个不同过程组成，应分别进行分析。

由上述分析可知，在不同决策过程下，虽然变量的显著性存在差异，但总体类似：投标值 T、性别 Gen、受教育程度 Edu、家庭平均月收入 Inc 等变量是所有模型中影响农村受访者支付意愿的主要显著变量；职业 Job、对当地水生态环境的态度 Att、河流/湖泊等环境问题对受访者的负面影响 Aff、渭河流域生态环境改善是否具有急迫性 Urg 等显著变量的差异源于不同决策过程下因变量设置的不同。职业 Job 和河流/湖泊等环境问题对受访者的负面影响 Aff 在单、双边界二分式和 Tobit 模型、D－H 模型支付方程中不显著，可能是因为受访者的职业、对河流/湖泊等环境问题的认知受到经济收入、生活方式的改变稀释、模糊，是否给予支付和支付的多少不会因此产生特应性变化。对当地水生态环境的态度 Att 和渭河流域生态环境改善是否具有急迫性 Urg 在单边界二分式模型下不显著，可能是因为受访者对于一次性的问答，通常会直接关注金额本身，较少考虑外界因素。特别地，在单、双边界二分式下，Logit 模型和 Probit 模型二者的显著变量和影响方向完全相同，这在一定程度上说明变量显著性结果整体具有趋同性，所示变量可以较好地解释模型。

此外，在所有估计模型中没有发现年龄 Age、在当地生活时长 Per、家庭人口 Pop、受访者对渭河流域相关政策了解程度 Und、参与渭河流域生态建设的程度 Par 等变量对农村受访者的支付意愿或支付金额有显著影响。对于年龄

Age、在当地生活时长 Per、家庭人口 Pop、受访者对渭河流域相关政策了解程度 Und 等变量对农村受访者支付意愿或参与支付或支付金额不产生显著影响的原因已在城镇情况下进行解释。对于参与渭河流域生态建设的程度 Par 不显著，虽与以往“受访者参与生态建设程度越大越愿意支付补偿且支付金额较高”的普遍认识不符，但却符合调研区域的实际情况，调研中的农村受访者参与渭河流域生态建设的程度在生活环境经济收入等因素的影响下，对支付意愿和支付金额的反应被稀释，因而不会对受访者的支付意愿或支付金额产生显著影响。

（2）平均支付意愿与模型比较。对于局部决策下单、双边界二分式的平均 WTP，可分别根据公式（5－7）、式（5－13）和表5－12、表5－13、表5－14中的回归结果计算得到；对于完整决策下开放双边界二分式的结果，考虑到零支付值对结果的影响，本书采用非参数法式（5－14）进行估计，并利用 Spike 模型进行修正。

首先，城镇、农村和整体受访者的正支付金额的平均值分别为：

$$E(WTP)_{整正} = \sum_i A_i P_i = 12.300$$

$$E(WTP)_{城正} = \sum_i A_i P_i = 14.275$$

$$E(WTP)_{农正} = \sum_i A_i P_i = 10.168$$

其次，经过 Spike 模型修正后得到的平均支付金额分别为：

$$E\ (WTP)_{整非负} = E\ (WTP)_{整正} \times P_{整正} = 10.351$$

$$E\ (WTP)_{城非负} = E\ (WTP)_{城正} \times P_{城正} = 12.412$$

$$E\ (WTP)_{农非负} = E\ (WTP)_{农正} \times P_{农正} = 8.271$$

各决策过程下受访者对渭河流域生态服务价值补偿的支付意愿如表5－15所示：

表5－15　不同决策过程的平均支付意愿

平均 WTP(元/月/人)	局部决策结果				完整决策结果
	单边界二分式		双边界二分式		(Tobit、D－H)
	Logit	Probit	Logit	Probit	
整体	13.850	15.212	11.512	12.496	10.351

续表

平均 WTP(元/月/人)	局部决策结果				完整决策结果
	单边界二分式		双边界二分式		(Tobit、D - H)
	Logit	Probit	Logit	Probit	
城镇	16.194	17.285	13.362	14.686	12.412
农村	10.905	12.139	9.520	10.245	8.271

资料来源：根据前述测算得到的结果整理而得。

由表 5 - 15 可知，首先，无论是在单边界二分式下还是双边界二分式下，Probit 模型估计的结果均略大于 Logit 模型估计的结果，但两者结果都较为接近，且根据表 5 - 12、表 5 - 13 和表 5 - 14 中 Logit 模型和 Probit 模型几乎相同的 LR、Pseudo R^2，说明在 CVM 分析下，模型的解释能力不具差异性，这与阿莱姆等（Alem et al.，2013）提出的“对于 Logit 模型或 Probit 模型的选择应基于对模型估计的熟悉程度，而不是理论方面的考虑”的结论相符。其次，在两种模型下，双边界二分式的结果均小于单边界二分式的结果，这个差异在于双边界二分式在单边界二分式的基础上增加了一次询问，进一步缩小受访者的真实支付意愿区间。最后，各局部决策结果与完整决策结果亦较为接近，但均大于完整决策修正结果。结合支付意愿分布结果，由于完整决策过程的最终值是在受访者考虑局部决策过程后，在支付意愿的四种可能范围下的确切选择，因此完整决策下的结果小于局部决策下的结果。

综上所述，双边界决策过程由于在单边界基础上附加问题，进一步缩小受访者真实支付意愿的心理偏好区间，得到的结果符合支付意愿的客观分布。较之双边界决策过程，最终的开放式决策过程要求受访者根据前述回答给出确切的数值，更加接近受访者的真实支付意愿点。因此，本书认为以开放双边界二分式估算受访者的平均支付意愿及分析其影响因素是更加科学、合理的方法选择，为保护和改善渭河流域水生态环境，渭河流域下游整体居民的平均支付意愿为 10.351 元/月/人，其中城镇、农村居民的平均支付意愿分别为 12.412 元/月/人、8.271 元/月/人。

5.4　CE部分支付意愿的计算与经济学验证

5.4.1　变量的选择与定义

依据CE问卷的设计，受访者将在三种不同的方案中进行选择，将受访者的选择结果视为因变量Y，被选中的方案赋值Y=1，同时未被选择的方案赋值Y=0。为研究受访者对渭河流域生态系统不同要素的偏好，在解释变量中设置属性变量，其中，将河流水质、河流的面积/水量、水土流失情况、动物种类/数量等定性变量赋值"持续改善=1，现状=0"；对于支付金额属性，直接采用其实际值0、2、6、10、15。为区分受访者是否愿意参与支持和改善渭河流域生态环境，设置替代常数变量ASC，以表示在选择过程中一些不能由属性和社会经济特征等变量解释的变化。在每个选择集中，受访者选择方案B或方案C，认为其对保护和改善渭河流域生态环境是支持的，赋值ASC=1；若选择方案A，则认为受访者不愿意参与保护和改善渭河流域生态环境，赋值ASC=0。对于非属性变量，为最终比较CVM和CE估算结果及影响因素的差异，将沿用CVM中对自变量的设置，非属性变量包含表5-16中的所有相关变量。此外，为满足Mixed Logit模型的构建需要，本书对受访者的编号PID和选择集CID的编号进行定义。

表5-16　　CE下受访者支付意愿解释变量说明

变量属性	变量名称	定义与赋值
被解释变量	Y	方案选择结果;选中=1,未选中=0
解释变量(属性)	SZ	河流水质;持续改善=1,现状=0
	SL	河流的面积/水量;持续改善=1,现状=0
	LS	水土流失情况;持续改善=1,现状=0
	DW	动物种类/数量;持续改善=1,现状=0
	ZF	支付金额;0,2,6,10,15
解释变量(非属性)		同表5-11

续表

变量属性	变量名称	定义与赋值
Mixed Logit 模型特有变量	PID	受访者的编号;城镇 1 - 353,农村 354 - 680（愿意参与的问卷）
	CID	选择集的编号:城镇 1 - 1059,农村 1060 - 2040

资料来源：根据已有文献和调研问卷整理而得。

5.4.2 估计模型的选择与构建

CE 问卷的处理通常采用离散选择模型，包括多元 Logit（multi - nomial logit，MNL）模型、嵌套 Logit（nested logit，NL）模型、条件 Logit（conditional logit，CL）模型、混合 Logit（mixed logit）模型等。其中，MNL 模型的应用最简单且最广泛，但它与 CL 模型的应用是在“无关方案的独立性 IIA”假设的基础上，即选择一种替代方案的可能性独立于选择集中的其他方案，若选择集中属性方案之间违背了独立性假设，则 MNL 和 CL 的估计结果将会产生偏差，影响受访者偏好的排序。通常利用以下两种方法解决或减轻违背 IIA 假设产生的偏差：一是增加或补充社会经济特征变量、属性变量等与替代常数项的交互项来提高模型的拟合效果（Xu et al.，2007）；二是采用 NL 模型或 Mixed Logit 模型（柯尔斯顿等/Kirsten et al.，2009；卡塔利亚/Kataria，2012）。但对于 NL 模型而言，IIA 假设在不同嵌套间是成立的，而在同一嵌套内，IIA 假设有可能是不成立的。Mixed Logit 模型放宽了 MNL 模型的两个主要限制——个体选择偏好的同质性和不相关备选方案的独立性，允许模型参数在个体间变动，适合于解释不同个体间存在的异质性，在模型的操作上更具灵活性，且在拟合度和预测准确度方面均优于 MNL 模型，具有更高的可信度（约翰斯顿等/Johnston et al.，2007；宋/Sung，2015）。

对于 CE 下渭河流域下游居民支付意愿的测算，本书首先利用最常用的 MNL 模型进行估计，在验证其是否满足 IIA 假设的基础上，进一步采用能够放松 IIA 假设的 Mixed Logit 模型评估受访者的支付意愿，比较不同模型的解释能力，以选出最优的 CE 问卷处理模型。

（1）MNL 模型构建。在 MNL 模型中，$\{\varepsilon_{ij}\}$ 为 IIA 且服从 I 型极值分布（Gumbel 分布），根据随机效用理论，个人在效用最大化框架下进行离散选择，个人效用函数可表示为：

$$U_{ij} = V_{ij} + \varepsilon_{ij} = x'_i\beta_j + \varepsilon_{ij} \tag{5-22}$$

其中，U_{ij}代表个体i选择方案j产生的随机效用，V_{ij}代表个体i选择方案j的系统、可观察效用部分，ε_{ij}代表不可观测效用部分，即随机误差项，x'_i代表个体i的属性特征指标矩阵，β_j代表待估计参数矩阵。

根据CE理论，个体i选择方案j而不选择方案h的概率为：

$$P(y_i = j \mid x_i) = P(U_{ij} \geqslant U_{ih}, \forall h \neq j) = P(\varepsilon_{ih} - \varepsilon_{ij} \leqslant V_{ij} - V_{ih}, \forall h \neq j) = \frac{\exp(x'_i\beta_j)}{\sum_h \exp(x'_i\beta_j)} \tag{5-23}$$

对数似然函数为：

$$\ln L_i = \sum_{j=1} I(y_i = j) \times \ln P(y_i = j \mid x_i) \tag{5-24}$$

其中，I（·）为示性函数，括号中的表达式成立时则取值为1，反之则取值0。将所有个体的对数似然函数加总，即可得到整个样本的对数似然函数。各属性的价值和补偿剩余为：

$$W_{attribute} = -\beta_{attribute}/\beta_M \tag{5-25}$$

$$CS = -\frac{1}{\beta_M}[\ln(\sum_j \exp V_{j0}) - \ln(\sum_j \exp V_{j1})] \tag{5-26}$$

其中，$W_{attribute}$代表单个属性的价值，$\beta_{attribute}$代表某属性项的估计参数，β_M代表边际支付效用，CS代表补偿剩余，V_{j0}和V_{j1}分别代表环境属性状态变化前和变化后的效用。

（2）Mixed Logit模型分析。在Mixed Logit模型中，待估计参数β根据个人偏好符合某种分布形式（麦克法登等/Mcfadden et al.，2000），如正态分布、均匀分布、三角分布γ分布等（特雷恩/Train，2001），此时，个人的选择概率带有特定混合分布，即：

$$\ln P(y_i = j \mid x_i) = \int \frac{\exp(x'_i\beta_j)}{\sum_h \exp(x'_i\beta_j)} f(\beta \mid \theta) d\beta \tag{5-27}$$

其中，f（β/θ）是β某种分布的密度函数，θ是密度函数的未知特征参数，如正态分布中的均值和标准差。

在进行Mixed Logit模型估计时，由于概率函数为封闭型，积分没有固定形式，需要采用模拟和重复计算实现概率的测算，因此需要考虑抽取方式。伪随机序列和半随机序列是两种常用的抽取方式，伪随机序列由于部分区域样本点的缺失或部分区域样本点过于集中而产生随机变量的群聚现象，导致误差较大；半随机序列能够均匀分配样本点，有效降低误差（巴特/Bhat，2001）。因此，研究中多采用半随机序列抽取方法，在参数确定后，同样根据式（5-25）和式（5-26）测算各属性的价值和补偿剩余。

5.4.3 CE 下支付意愿的计算及检验

（1）MNL 模型分析。根据上述构建的模型，本书运用 MNL 模型对调查结果进行两组不同的实验：第一个实验仅考虑各方案属性及其水平对选择结果的影响（模型 1）；第二个实验不仅考虑各方案属性及其水平，还考虑受访者的社会经济特征、对环境及渭河流域的认知等因素对选择结果的影响（模型 2）。MNL 模型 1 中 3 种选项（方案 A、方案 B 和方案 C）的间接效用函数可表示为：

$$V_i = ASC + \beta_1 \times SZ + \beta_2 \times SL + \beta_3 \times LS + \beta_4 \times DW + \beta_5 \times ZF(i = 1,2,3) \tag{5-28}$$

MNL 模型 2 通过分析整体、城镇和农村受访者的社会经济特征、对环境及渭河流域的认知与替代常数变量的相互作用，研究社会经济变量和认知变量对选择结果的影响，模型 2 中 3 种选项（方案 A、方案 B 和方案 C）的间接效用函数可表示为：

$$V_i = ASC + \beta_1 \times SZ + \beta_2 \times SL + \beta_3 \times LS + \beta_4 \times DW + \beta_5 \times ZF + ASC \times \sum_n \varphi_m X_m^{特征} + ASC \times \sum_n \varphi_n X_n^{认知}(i = 1,2,3) \tag{5-29}$$

利用 Stata 13.0 进行最大似然估计，测算得到上述效用函数中的各参数，模型 1 和模型 2 的估计结果分别如表 5-17 和表 5-18 所示。

①模型总体情况。如表 5-17 所示，模型 1 中整体、城镇和农村的所有属性变量均在 1% 的水平上显著，且模型的 Wald 统计量分别为 301.32、148.79 和 193.66，无效假设检验结果 Prob > chi2 都为 0.000，即模型的解释能力较好、在 1% 的水平上显著。但是，利用 Hausman 检验，发现在删除现状方案 A 后，子样本的系数估计值与全样本的系数估计值具有系统差别，即模型 1 未能完全满足“无关方案的独立性ⅡA”假设。对于表 5-18 的模型 2，由于考虑了社会经济特征变量、认知变量等与替代常数项的交互作用，Hausman 检验发现其在一定程度上减轻 MNL 模型对ⅡA 假设的偏离。比较表 5-17 和表 5-18

的 Log Likelihood 值，也反映出模型 2 的拟合程度更好。此外，模型 2 的 Wald 值分别为 1157.01、625.52 和 551.98，无效假设检验结果 Prob > chi2 都为 0.000，说明整体、城镇和农村都在 1% 的水平上显著，模型 2 具有较强的解释能力。因此，本书对模型 1 予以舍弃，不做解释，以模型 2 的估计结果作为 MNL 模型的估计结果并加以分析，详见表 5－18。

表 5－17　　　　CE 下 MNL 模型 1 估计结果

变量	整体		城镇		农村	
	系数	Z 值	系数	Z 值	系数	Z 值
ASC	－1.043***	－9.84	－1.252***	－8.5	－0.831***	－5.35
SZ	0.807***	15.31	0.827***	11.66	0.796***	10.25
SL	0.560***	7.37	0.669***	4.52	0.496***	6.54
LS	0.384***	3.70	0.375***	2.87	0.398***	3.97
DW	0.284***	3.64	0.285***	2.65	0.279***	3.77
ZF	－0.074***	－6.93	－0.061***	－3.07	－0.093***	－9.53
Wald	301.32		148.79		193.66	
Prob	0.000		0.000		0.000	
Log likelihood	－4071.0903		－2122.3061		－1913.732	

资料来源：利用 Stata 软件测算而得，保留三位小数；***、**、* 分别代表在 1%、5%、10% 水平下显著。

表 5－18　　　　CE 下 MNL 模型 2 估计结果

变量	整体		城镇		农村	
	系数	Z 值	系数	Z 值	系数	Z 值
ASC	0.846***	6.80	1.005***	5.57	0.757***	4.27
SZ	0.852***	15.63	0.863***	11.92	0.844***	10.44
SL	0.635***	7.68	0.701***	4.77	0.582***	6.73
LS	0.428***	3.72	0.431***	2.90	0.427***	3.98
DW	0.359***	3.66	0.377***	2.67	0.343***	3.78
ZF	－0.080***	－6.97	－0.069***	－3.08	－0.101***	－9.57

续表

变量	整体		城镇		农村	
	系数	Z 值	系数	Z 值	系数	Z 值
Asc_Hou	0.013**	2.14	——	——	——	——
ASC_Gen	0.048**	2.27	0.082**	2.34	0.019**	2.20
ASC_Age	-0.040	-1.30	-0.064	-1.47	-0.031	-0.62
ASC_Edu	0.059**	1.99	0.076**	1.97	0.050**	2.02
ASC_Job	-0.015	-0.76	-0.044	-1.61	-0.004	-0.12
ASC_Per	-0.034	-1.32	-0.032	-0.86	-0.017	-0.41
ASC_Pop	-0.054	-1.07	-0.059	-1.48	-0.025	-0.64
ASC_Inc	0.042***	4.87	0.033***	3.73	0.053***	6.93
ASC_Att	-0.109***	-3.27	-0.092**	-2.00	-0.123**	-2.35
ASC_Aff	0.056	1.33	0.058	1.45	0.055	1.21
ASC_Und	0.021	0.43	0.053	0.80	0.019	0.25
ASC_Urg	0.172***	4.35	0.196***	3.44	0.136**	2.35
ASC_Par	-0.014	-0.42	-0.014	-0.29	-0.008	-0.15
Wald	1157.01		625.52		551.98	
Prob	0.000		0.000		0.000	
Log likelihood	-3419.909		-1700.235		-1669.166	

资料来源：利用 Stata 软件测算而得，保留三位小数；***、**、* 分别代表在 1%、5%、10% 水平下显著。

②替代常数项 ASC 的符号和显著性。在模型 2 中，ASC 的符号均为正，且均通过了 1% 的显著性检验，说明不论是城镇居民还是农村居民对改善渭河流域水生态环境均持支持态度，即愿意通过支付一定的金额用以改善流域水生态环境，这符合调研实际和客观规律。在调研中发现，当受访者知悉其对上游保护和建设水生态环境予以支付时，可有效使渭河流域的水生态环境得到改善，大部分居民都愿意参与以得到良好的水生态环境。

③属性变量对选择的影响。由估计结果可知，除支付金额系数为负外，其他四个属性变量估计系数均为正，且均通过 1% 水平的显著性检验。系数估计

结果首先说明这些属性变量显著影响整体、城镇和农村受访者的选择，模型的拟合结果符合现实，问卷属性的设计具有较强科学性。其次，以水质 SZ 为例，其正的系数表明，当其他属性保持不变时，水质的改善正向影响受访者的选择，即受访者对使渭河流域水质变得更好的生态服务价值补偿政策的参与积极性越高，获得的效用也越大，其他系数为正的属性变量亦然。支付金额的估计系数为负，说明当要求支付的金额越少时，受访者越支持实施生态服务价值补偿、获得效用越大。属性的估计系数符号，与前文受访者的属性重要性认识、选择重视度统计中反映的情况一致。最后，属性的估计系数综合显示，整体、城镇和农村受访者都倾向于用较少的支付金额获得更好的水质、更多的河流面积/水量和动物的种类/数量、更有效的水土流失治理。

④非属性变量对 ASC 的影响。在模型估计结果中，整体、城镇和农村的替代常数项 ASC 与性别 Gen、受教育程度 Edu、家庭平均月收入 Inc、对当地河流/湖泊等水生态环境的态度 Att、渭河流域生态环境改善是否具有急迫性 Urg 等变量的交互项均在 1% 或 5% 的水平上显著，同时，整体的替代常数项 ASC 与户籍 Hou 的交互项在 5% 的水平上显著。其中，性别 Gen 表现出正相关，说明女性比男性更不愿意改变现状，原因可能在于女性较之男性的思想更为保守，不愿意做出新的调整。受教育程度 Edu 和家庭平均月收入水平 Inc 表现出正相关，即受教育程度越高或家庭平均月收入水平越高的受访者越愿意接受改变现状，越支持水生态环境保护。对当地河流/湖泊等水生态环境的态度 Att 具有负向影响，说明受访者对当地水生态环境现状越满意，越不愿意选择改变，因为此时旨在改善水生态环境质量的生态服务价值补偿对受访者而言是多余的。渭河流域生态环境改善是否具有急迫性 Urg 具有正向影响，即受访者认为旨在改善渭河流域生态环境的生态服务价值补偿越具有急迫性，越愿意参与，这是显而易见的。户籍 Hou 在整体中还表现出正相关，说明城镇受访者比农村受访者更愿意接受改变，这与城镇受访者的受教育程度与收入水平普遍高于农村受访者有关。此外，比较 MNL 模型与 CVM 下的结果，可以看出，两者的显著影响因素及其方向具有一致性。

结果中没有发现年龄 Age、职业 Job、在当地生活时长 Per、家庭人口数 Pop、河流/湖泊等环境问题对受访者的负面影响 Aff、对渭河流域相关政策了解程度 Und、参与渭河流域生态建设的程度 Par 等变量与 ASC 的交互项对选择具有显著影响，这与选择实验法的进行方式有关。一方面，面对给定的属性变化组合，受访者只须依据个人偏好，综合比较选项方案进行选择，Age、Job、Per、Pop 等受访者自身的客观因素将对选择产生较轻的影响或不产生显著影响；另一方面，选择集的属性是实施渭河流域生态服务价值补偿包含的各个方面，根据选择集每个受访者便可了解渭河流域生态服务价值补偿的实施和参与实施方向的选择，变量 Aff、Und、Par 也就不会对受访者的决策产生显著影响。

（2）Mixed Logi 模型分析。为检验改进的 MNL 模型的拟合精度、更好解释变量偏好异质性的来源，进一步应用 Mixed Logit 模型进行比较分析。在 Mixed Logit 模型中，首先要考虑估计系数哪些是随机的、哪些是固定的，然后确定随机系数的分布形式。常用且简便的做法是：假设所有的系数随机且符合正态分布，根据结果中系数的均值（所有个体的平均偏好）和标准差值（个体偏好的变异度）进行修正。当标准差的假设检验结果 $P<0.05$ 时，则拒绝假设，认为该系数是随机的；当 $P>0.05$ 时，则不拒绝假设，认为该系数是固定的，从而再次进行模型整合。

首先，假定模型 1 中除 ASC 外的所有属性自变量的系数均为随机系数，且服从正态分布，采用 R 等于 100 的 Halton 抽取法，得到 Mixed Logit 模型 1 估计结果，见表 5-19。

在表 5-19 的条件 1 下，整体、城镇和农村的 Log Likelihood 值分别为 -1586.468、-804.976 和 -752.341，均分别大于 MNL 模型 2 的 -3419.909、-1700.235和 -1669.166，说明 Mixed Logit 模型 1 的拟合效果优于 MNL 模型，能更有效地解释受访者的选择偏好。结果中各属性变量的均值估计系数均在 1% 的水平上显著，即都拒绝了无效性假设，对其正态分布形式的假定与实际没有显著差异。对于标准差的估计系数，SZ、SL、LS、DW、ZF 均在 1% 或 5% 的水平下显著，说明不拒绝对其系数是随机的假设。由于 ZF 变量是计算其他变量部分价值的基准，所将其重新设定为固定系数，其他变量仍设为随机系数，可得到条件 2 下的估计结果。根据表 5-19 的结果，条件 2 的所有随机系数的标准差估计系数均显著，且同样优于 MNL 模型，认为其设置合理、正确。

为进一步分析属性自变量异质性的来源，在 Mixed Logit 模型的条件 2 下将 5 个属性变量分别与受访者的社会经济特征变量、认知变量等进行交互，生成新的变量并视为固定系数进行估计，得到 Mixed Logi 模型 2 的估计结果，详见表 5-20（仅列出显著的交互变量）。

表5-19　CE下Mixed Logit模型1估计结果

自变量		分布类型	条件1					
			整体		城镇		农村	
			均值	标准差	均值	标准差	均值	标准差
固定系数	ASC	正态分布	1.182*** (3.32)		1.048*** (3.48)		1.364*** (3.03)	
随机系数	SZ	正态分布	0.998*** (11.76)	1.393*** (6.05)	1.043*** (8.64)	1.295*** (3.96)	0.924*** (7.54)	1.699*** (4.13)
	SL	正态分布	0.404*** (6.21)	0.789*** (5.13)	0.448*** (6.02)	0.271*** (3.47)	0.397*** (6.14)	1.742*** (3.09)
	LS	正态分布	0.201*** (4.43)	0.987*** (3.59)	0.219*** (3.78)	0.803** (1.97)	0.196*** (4.94)	1.132** (2.58)
	DW	正态分布	0.114*** (3.43)	0.523** (2.53)	0.145*** (2.98)	0.137** (2.37)	0.098*** (3.10)	1.193** (2.17)
	ZF	正态分布	-0.090*** (-7.62)	0.382*** (9.38)	-0.077*** (-3.56)	0.350*** (7.03)	-0.112*** (-6.34)	0.439*** (5.28)
Prob > chi2			0.000		0.000		0.000	
Log likelihood			-1586.468		-804.976		-752.341	

续表

条件2								
自变量		分布类型	整体		城镇		农村	
			均值	标准差	均值	标准差	均值	标准差
固定系数	ASC	正态分布	1.327*** (6.28)		1.163*** (3.66)		1.444*** (4.42)	
	ZF	正态分布	-0.091*** (-10.79)		-0.078*** (-6.11)		-0.112*** (-7.40)	
随机系数	SZ	正态分布	1.016*** (13.46)	1.281*** (5.54)	1.056*** (9.60)	0.822** (2.43)	0.949*** (8.48)	1.861*** (4.52)
	SL	正态分布	0.425*** (10.14)	2.188*** (8.64)	0.468*** (6.87)	1.699*** (6.06)	0.411*** (6.74)	3.209*** (5.70)
	LS	正态分布	0.212*** (10.88)	1.667*** (6.68)	0.220*** (7.22)	1.448*** (4.87)	0.205*** (7.20)	1.841*** (4.49)
	DW	正态分布	0.136*** (8.92)	1.787*** (7.62)	0.162*** (6.62)	1.281*** (4.91)	0.113*** (4.74)	2.928*** (5.25)
Prob > chi2			0.000		0.000		0.000	
Log likelihood			-1651.080		-837.055		-772.384	

资料来源：利用 Stata 软件测算而得，括号内为 Z 统计量；***、**、* 分别代表在 1%、5%、10% 水平下显著。

表5-20 CE下Mixed Logit模型2的估计结果

自变量		整体		城镇		农村	
		均值	标准差	均值	标准差	均值	标准差
随机系数	SZ	1.047*** (4.96)	1.042*** (4.15)	1.058*** (3.87)	0.704*** (3.98)	1.039*** (3.43)	1.822*** (3.84)
	SL	0.476** (2.51)	1.496*** (6.86)	0.511** (2.23)	1.156*** (4.44)	0.438** (2.70)	2.028*** (4.38)
	LS	0.229** (2.55)	1.295*** (5.57)	0.228** (2.04)	1.055*** (3.44)	0.231** (2.53)	1.380*** (3.15)
	DW	0.173*** (3.11)	1.057*** (4.75)	0.189** (2.25)	0.574*** (3.02)	0.165*** (2.95)	1.873*** (3.85)
固定系数	ASC	1.120*** (4.11)		1.295*** (3.19)		1.045*** (3.14)	
	ZF	-0.091*** (-3.74)		-0.079*** (-2.96)		-0.112*** (-2.85)	
	SL_Hou	0.774** (2.10)		—		—	
	ZF_Hou	0.220* (2.23)		—		—	
	LS_Gen	1.012*** (3.08)		1.163** (2.57)		1.003** (2.22)	
	DW_Gen	0.471* (1.78)		0.929*** (2.70)		0.387* (1.66)	
	SZ_Age	—		—		0.693** (2.25)	

续表

自变量		整体		城镇		农村	
		均值	标准差	均值	标准差	均值	标准差
固定系数	SZ_Edu	0.349** (2.26)		0.718* (1.90)		0.228** (2.18)	
	DW_Edu	0.367** (2.55)		0.321* (1.71)		0.656* (1.80)	
	ZF_Edu	0.039** (2.50)		0.042** (2.33)		0.038** (2.01)	
	SL_Per	−0.268*** (−2.74)		−0.316** (−2.55)		−0.170** (−2.48)	
	ZF_Pop	−0.042** (−2.48)		—		−0.076** (−2.46)	
	ZF_Inc	0.108*** (4.53)		0.078** (2.20)		0.263*** (4.52)	
	SZ_Att	−0.619** (−2.08)		−0.085** (−1.99)		−0.633* (−1.68)	
	SL_Att	−0.308** (−2.09)		−1.156*** (−3.13)		−0.076* (−1.70)	
	ZF_Att	−0.293** (−2.37)		−0.521** (−1.99)		−0.126** (−2.50)	
	ZF_Urg	0.097** (2.52)		0.079** (2.26)		0.139** (2.41)	
Prob > chi2		0.000		0.000		0.000	
Log likelihood		−1457.441		−740.426		−661.946	

资料来源：利用 Stata 软件测算而得，保留三位小数，括号内为 Z 统计量；***、**、* 分别代表在 1%、5%、10% 水平下显著。

①模型总体情况。由表5-20可知，Mixed Logit模型2中整体、城镇和农村的Prob>chi2都为0.000，即均在1%的水平上显著，说明模型的拟合度较好。整体、城镇和农村的Log Likelihood值分别为-1457.441、-740.426、-661.946，均大于相应模型下（MNL、Mixed Logit模型1）整体、城镇和农村的Log Likelihood值，说明Mixed Logit模型2的模拟度优于其他模型，因此采用Mixed Logit模型2可以更好地解释受访者的偏好行为。

②替代常数项ASC和属性变量对选择的影响。由表可知，Mixed Logit模型2中整体、城镇和农村的ASC系数、属性变量系数均在1%或5%的水平上显著，且其系数符号与MNL模型2一致，在此不再赘述。

③非属性变量对属性变量的影响。在属性变量与社会经济特征变量、认知变量的交互项中，在整体情况下，河流的面积/水量、支付金额与户籍交互项SL_Hou、ZF_Hou的系数分别在5%、10%的水平上显著为正，说明城镇受访者比农村受访者更重视上述属性，这与城镇受访者的受教育程度和收入水平有关，城镇受访者的受教育程度和收入水平普遍高于农村受访者，更加重视河流面积/水量的改善，也更偏好对改善水生态环境的生态服务价值补偿进行支付。在农村情况下，水质与年龄的交互项SZ_Age的系数在5%的水平上显著为正，说明农村受访者的年龄越大越重视水质的改善，这可能源于在调研的农村区域，年轻人或中年人常年外出打工，年龄大的受访者长期生活在当地，自然更重视与其生活、健康等息息相关的水质的改善。

在整体、城镇和农村的情况下，水土流失情况、动物的种类/数量与性别交互项LS_Gen、DW_Gen均通过10%水平的显著性检验，且系数均为正，说明男性比女性更偏好水土流失情况、动物的种类/数量等属性。这可能与男性的环保意识、收入水平等稍强于女性，对水土流失情况、动物的种类/数量等重视程度高于女性有关。水质、动物种类/数量、支付金额与受教育程度的交互项SZ_Edu、DW_Edu、ZF_Edu也均通过10%水平的显著性检验，且系数均为正，说明受教育程度越高的受访者越偏好水质、动物种类/数量、支付金额等属性，这与CVM中受教育程度越高的人，生态环保意识、责任意识、奉献意识越高，越支持实施生态服务价值补偿相关政策的结论一致。

对于整体、城镇和农村受访者，河流的面积/水量与在当地生活时长的交互项SL_Per的系数分别在1%、5%和10%的水平上显著为负，说明在当地生活时长越长越不偏好河流的面积/水量。这可能是因为受访者长期生活于某地，会形成较为刚性的生活习惯、消费偏好，可能对“做过去常做的事”有稳定偏好，从而不愿意改变水生态服务利用模式。对于整体和农村受访者，支付金额与家庭人口数交互项 ZF_Pop 的系数均在 5% 的水平上显著为负，说明整体和农村受访者的家庭人口数越多越不偏好支付金额。在调研中我们发现，农村受访者的家庭人口数越多，其生活负担通常越重，不同于城镇老年居民有退休工资，农村老年居民大多丧失劳动能力，主要依靠子女供养，其对支付金额属性的偏好随着家庭人口数的增加而减弱。同时，由于整体受访者包含农村受访者，其家庭人口数也对支付金额呈现负向影响。

对于整体、城镇和农村受访者，支付金额与家庭平均月收入的交互项 ZF_Inc 分别在 1%、5% 和 10% 的水平上显著为正，说明受访者的收入水平越高越偏好支付金额，这主要是因为受访者的收入水平越高则越有能力负担对水生态环境保护的支付。河流水质、河流的面积/水量、支付金额与对当地河流/湖泊等水生态环境的态度交互项 SZ_Att、SL_Att、ZF_Att 均通过 10% 水平的显著性检验，且系数均为负，即受访者对当地水生态环境越满意越不偏好河流水质、河流的面积/水量、支付金额，这与现实相符。受访者越满意说明当地的水生态环境，特别是对人类影响最直接、最重要的水质、水量越好，越不偏好对水质、水量的改善，也不会偏好和支持对改善水生态环境进行支付。支付金额与渭河流域生态环境改善是否具有急迫性的交互项 ZF_Urg 的系数均在 5% 的水平上显著为正，即受访者认为渭河流域生态环境改善越急迫越偏好支付金额。这源于相较于支付金额的多少，受访者更关注为改善渭河流域生态环境而展开的生态服务价值补偿的实施。

综上所述，性别 Gen、受教育程度 Edu、在当地生活时长 Per、家庭平均月收入 Inc、对当地河流/湖泊等水生态环境的态度 Att、渭河流域生态环境改善是否具有急迫性 Urg 等变量与属性变量交互项的显著性差异是整体、城镇和农村受访者共同的属性偏好的异质性来源。除此之外，农村受访者属性偏好的异质性还来源于年龄 Age、家庭人口数 Pop 等变量与属性变量交互项的显著性差异；整体受访者属性偏好的异质性还来源于户籍 Hou、家庭人口数 Pop 等变量与属性变量交互项的显著性差异。

（3）属性价值、支付意愿与模型比较。根据回归模型得到的各属性估计系数和式（5-25），可以得到各属性的价值，即隐含价格。在本书中其表示“当实施渭河流域生态服务价值补偿时，受访者对于所要求得到更多的环境属性而愿意支付的金额"，提供了单个属性间的损益比较，即属性相对重要性的比较。MNL模型和Mixed Logit模型的结果如表5－21所示，其中，MNL模型2较之MNL模型1、Mixed Logit模型2较之Mixed Logit模型1的拟合度更优，因此仅以MNL模型2、Mixed Logit模型2分别代表MNL模型、Mixed Logit模型的结果。

表5－21　　　　属性价值和支付意愿

属性	MNL模型2			Mixed Logit模型2		
	整体	城镇	农村	整体	城镇	农村
水质	10.265	11.986	8.525	11.505	13.392	9.277
河流面积/水量	7.651	9.736	5.879	5.231	6.468	3.911
水土流失情况	5.157	5.986	4.313	2.516	2.886	2.063
动物种类/数量	4.325	5.236	3.465	1.901	2.392	1.473
平均支付意愿	13.790	15.896	11.561	12.577	14.488	10.219
修正零支付意愿后	12.373	14.448	10.238	11.285	13.168	9.050

资料来源：根据前述测算得到的结果整理而得。

由表5－21可知，无论是在MNL模型还是Mixed Logit模型中，各属性价值都存在明显差异。以河流面积/水量为例，整体受访者参与生态服务价值补偿，要求得到更多的河流面积/水量的边际支付意愿在MNL模型中为7.651元、在Mixed Logit模型中为5.231元，其他属性价值的亦然。比较MNL模型和Mixed Logit模型可看出，除水质属性外，MNL模型各属性的边际支付意愿均大于Mixed Logit模型，但无论是哪种模型，各属性的价值排序均为：水质、河流面积/水量、水土流失情况、动物种类/数量。这说明无论是城镇受访者还是农村受访者，水质都是他们最为关注的属性，也是最希望在给予支付时得到的属性，河流面积/水量、水土流失情况、动物种类/数量依次次之。此外，无论是在MNL模型还是Mixed Logit模型中，城镇受访者对各属性的边际支付意愿均高于农村受访者，这与受访者的受教育程度和收入水平有关。

通过补偿剩余的计算公式（5－26）可分别得到整体、城镇和农村情况下，运用MNL模型和Mixed Logit模型测算得到的支付意愿。其中，生态服务价值补偿实施前的状态设定为维持现状，各属性赋值0；实施后的状态设定为持续改善，各属性赋值1。根据表5-21，在MNL模型中，整体、城镇和农村受访者的支付意愿分别为13.790元/月/人、15.896元/月/人、11.561元/月/人；在Mixed Logit模型中，整体、城镇和农村受访者的支付意愿分别为12.577元/月/人、14.488元/月/人、10.219元/月/人。MNL模型估计结果略高于Mixed Logit模型估计结果，而由于Mixed Logit模型完全放松了MNL模型的限制条件，拟合度更好且充分反映受访者的偏好异质性来源，因此，认为以Mixed Logit模型处理CE问卷更合适。CE方法下渭河流域下游居民平均支付意愿为12.577元/月/人，其中城镇、农村居民的平均支付意愿分别为14.488元/月/人、10.219元/月/人。通过Spike修正零支付意愿对其的影响后，最终得到下游整体、城镇、农村居民的平均支付意愿分别为11.285元/月/人、13.168元/月/人、9.050元/月/人。

5.5 基于CVM、CE结果的检验与确定

5.5.1 有效性检验

由于假想市场常常引致其所获数据是否有效、可靠的争议，有必要对CVM和CE的估计结果进行有效性和可靠性检验。其中，有效性指所测算得到的理论值与真实经济价值的一致程度，包括内容有效性、标准有效性、收敛有效性和理论有效性。内容有效性指所使用的问卷中的问题能否代表所要测量的内容或主题。对于问卷内容的有效性，本研究在调研开展前已考虑到，问卷的设计经过课题组讨论、专家咨询、预调研修正等阶段；调研过程中采用面对面的方式，尽可能向受访者详尽描述调研背景和意义以减少信息偏差；采用开放双边界二分式的引导技术可充分模拟真实市场，避免起始点偏差和假想偏差；对调研员进行培训，要求控制问卷问答时间，降低调研员与时间过长引起的偏差。

标准有效性指能作为其他度量方式的标准。对于本书的研究对象，由于不存在交易市场和价格，很难找到实际的支付行为作为参考。作者采用以往研究者通过构建假想模拟市场来实现标准有效性的方法，在调研时以实施多年的退

耕还林政策作为参考，使受访者相信生态服务价值补偿实施后渭河流域水生态环境会得到有效改善，并按照自己所愿意的金额给予补偿。最终，在CVM中有88人（城镇46人，农村42人）不愿意参与是因为“认为水生态环境破坏应由政府或企业负责，或担心支付无法改善环境问题”，在CE中有39人（城镇26人，农村13人）不愿意参与是因为“认为水生态环境破坏应由政府或企业负责”，其余受访者除自身支付能力外，均表示愿意参与支付、支持生态服务价值补偿。

收敛有效性指采用不同方法对同一研究对象测算得到的评估结果的一致性。本书采用张翼飞和赵敏（2007）提出的，利用CVM问卷的不同决策过程数据作为不同引导技术的平行调研结果，以及CVM与CE的相互验证来检验两者各自的收敛有效性。如表5-15和表5-21显示，CVM的单边界二分式、双边界二分式、开放双边界二分式与CE的Mixed Logit模型下的居民支付意愿分别为13.850元（城镇16.194元，农村10.905元）、11.512元（城镇13.362元，农村9.520元）、10.351元（城镇12.412元，农村8.271元）、11.285元（城镇13.168元，农村9.050元），其中，单、双边界的结果是以常用的Logit结果为例。结果相近，说明CVM、CE均具有收敛有效性。

理论有效性是验证CVM、CE是否有效的基础，是指结果与经济学理论的一致性。对于CVM，以整体受访者的D-H模型回归结果为例，户籍Hou、性别Gen、受教育程度Edu、家庭平均月收入Inc、对当地水生态环境的态度Att、渭河流域生态环境改善是否具有急迫性Urg等变量显著影响整体受访者是否愿意参与支付；户籍Hou、性别Gen、受教育程度Edu、家庭平均月收入Inc、对当地水生态环境的态度Att等变量显著影响整体受访者愿意支付的金额。以上所有因素的显著性解释和影响方向均符合经济学理论，且与以往研究支付意愿影响因素的文献具有相似性。对于CE，以整体受访者的Mixed Logit模型回归结果为例，河流的面积/水量与户籍SL_Hou、支付金额与户籍ZF_Hou、水土流失情况与性别LS_Gen、动物的种类/数量与性别DW_Gen、水质与受教育程度SZ_Edu、动物种类/数量与受教育程度DW_Edu、支付金额与受教育程度ZF_Edu、河流的面积/水量与在当地生活时长SL_Per、支付金额与家庭人口数ZF_Pop、支付金额与家庭平均月收入ZF_Inc、水质与对当地河流/湖泊等水生态环境的态度SZ_Att、河流的面积/水量与对当地河流/湖泊等水生态环境的态度SL_Att、支付金额与对当地河流/湖泊等水生态环境的态度ZF_Att、支付金额与渭河流域生态环境改善是否具有急迫性 ZF_Urg 等交互项对受访者的选择行为具有显著影响。这些因素的显著性解释和影响方向也都符合经济学理论，且与 CVM 结果相协调。因此，CVM 与 CE 的模型估计结果均符合实际调研情况和客观规律，与经济学理论相一致，具有理论有效性。

5.5.2 可靠性检验

可靠性是指对同一研究对象进行调查时得到的结果的稳定性和一致性，常用的方法是实验—复试法（test - retest method）。包括运用相同方法在不同时期对同一目标人群中两个不同样本组进行调查，或在间隔一段时间后运用完全相同的问卷对相同的被调查者再次进行调查，以检验两次回答的结果，还可以运用相同的方法对同一时间下的两个不同样本进行调查并比较结果（Krutilla et al.，1967）。

对于实验—复试法，一方面由于本研究采取不记名方式，很难在一段时间后对同一对象进行重复调研，另一方面考虑到时间、人力、经费等因素，难以再对问卷进行大规模其他样本组的调研。因此，本书首先对上述方法进行调整，将史恒通等（2015）2012 年 12 月对渭河流域陕西段的居民支付意愿调研结果与本次 CE 调研结果进行比较，其调研得到的陕西省渭河流域居民平均支付意愿为 624.22 元/户/年，与本次调研结果居民平均支付意愿 11.285 元/月/人（561.457 元/户/年）相近。其次，本次调研分别在咸阳市和渭南市展开，其中咸阳市 376 份，渭南市 456 份，CVM 结果分别为 10.783 元（城镇 12.667 元，农村 8.301 元），10.011 元（城镇 12.116 元，农村 8.005 元），CE 结果分别为 11.623 元（城镇 13.576 元，农村 9.368 元）、11.024 元（城镇 12.997 元，农村 8.962 元）；两种估算方法下、不同样本组的结果基本相符，说明在子样本中得到的结果具有可靠性，且两者皆接近总样本下的 10.351 元（城镇 12.412 元，农村 8.271 元）和 11.285 元（城镇 13.168 元，农村 9.050 元），在一定程度上也说明了平均支付意愿的普适性、一致性。

综上所述，本书的两种问卷结果通过了有效性和可靠性检验，所得支付意愿及其影响因素分析具有有效性和可信性，能作为渭河流域生态服务价值补偿的支付意愿的参考标准。

5.5.3 下游居民支付意愿确定及其动态调整

就CVM（完整决策过程）与CE（Mixed Logit模型）的估计结果而言，在不考虑零支付意愿时，两者的平均支付意愿分别为12.300元/月/人（城镇14.275元/月/人，农村10.168元/月/人）、12.577元/月/人（城镇14.488元/月/人，农村10.219元/月/人）。在考虑零支付意愿的影响时，两者的平均支付意愿分别为10.351元/月/人（城镇12.412元/月/人，农村8.271元/月/人）、11.285元/月/人（城镇13.168元/月/人，农村9.050元/月/人），CE略大于CVM的原因在于其正支付率高于CVM。故总体而言，CVM与CE对渭河流域下游居民的生态服务价值补偿支付意愿的研究结果基本一致，符合CVM与CE的理论基础。

就方法显示的信息而言，CVM无法估算实施生态服务价值补偿政策所包含的因素（属性）的边际价值，而CE能够评价每个属性的价值，并能估算不同选择方案相对于现状的价值，这对于关注某些属性水平变化或需要对政策侧重方面进行协调的管理决策者而言非常重要。尽管CE的研究结果具有CVM无法比拟的优点，但由于起步较晚、使用不广泛、认知复杂等，仍存在属性选择与实验设计等技术难题。因此，CE的使用应结合CVM加以佐证，在没有外界干扰的情况下，CE较CVM能揭示出受访者更多的偏好信息。

因此，结合两种方法的最终结果和揭示信息的程度，本书将采用CE评估得到的支付意愿作为渭河流域下游居民的真实支付意愿。2015年，渭河流域下游居民的平均支付意愿为11.285元/月/人，其中城镇居民13.168元/月/人，农村居民9.050元/月/人。此外，根据意愿调查文献中常用的对调查样本范围内居民数量的处理方法，居民愿意支付的补偿金额 = 平均支付意愿 × 居民总数，2015年，渭河流域下游居民愿意支付的生态服务价值补偿金额为16.058亿元。

这一结果是调研区域在2015年居民愿意支付的生态服务价值补偿数额，而居民的支付意愿会随着社会经济的发展和生活水平的升降不断改变。在社会经济发展和生活水平较低时期，生态环境资源的破坏程度、居民的受教育程度、收入水平等较低，居民的支付意愿随之降低。反之，在社会经济发展和生活水平较高时期，生态环境资源破坏加剧，居民的收入水平提高，居民更加重视生活质量，居民的支付意愿随之提高。在此情况下，按照差异化的补偿要求，必须对补偿客体实施动态支付意愿标准。但由于进行 CE 调研的成本较高，经常性地基于其测算各个年份的渭河流域下游居民支付意愿不切实际，因此，借由能够客观反映社会经济发展水平和居民生活水平的社会经济发展阶段系数，基于 2015 年的调研结果，对不同时期的支付意愿进行动态调整：

$$\frac{WTP_i}{L_i}=\frac{WTP_i}{L_j} \tag{5-30}$$

其中，社会经济发展阶段系数 L 可根据简化的 Pearl 生长模型求得，即 $L=\frac{1}{1+e^{-t}}$，而时间 t 可根据恩格尔系数转换得到 $1/En=t+3$。表 5－22 列出了调研区域 2006～2015 年各年的社会经济发展阶段指数和经过调整的支付意愿以及愿意支付的补偿数额。可以看出，随着经济发展水平和居民生活水平的提高，城乡居民对保护流域生态环境的支付意愿总体呈上升趋势，从 2006 年的 7.575 元/人/月上升至 2015 年的 11.285 元/人/月，这符合人们对生态环境价值感受和经济发展正相关的客观规律，在一定程度上说明本次调研结果是受访者结合实际情况的真实意愿表达，符合实际情况，认为支付意愿调研结果的动态调整结果是合理的、可靠的，2006～2015 年渭河流域下游居民愿意支付的补偿数额分别为 10.190 亿元、10.280 亿元、10.137 亿元、10.533 亿元、11.012 亿元、12.284 亿元、12.502 亿元、15.763 亿元、15.894 亿元、16.058 亿元。

表 5－22　2006～2015 年渭河流域下游居民支付意愿动态调整

年份	社会经济发展阶段系数	支付意愿(元/人/月)	生态补偿额(亿元)
2006	0.433	7.575	10.190
2007	0.434	7.592	10.280
2008	0.425	7.435	10.137
2009	0.441	7.722	10.533
2010	0.451	7.897	11.012
2011	0.502	8.778	12.284
2012	0.508	8.896	12.502
2013	0.639	11.180	15.763

续表

年份	社会经济发展阶段系数	支付意愿(元/人/月)	生态补偿额(亿元)
2014	0.642	11.233	15.894
2015	0.645	11.285	16.058

资料来源：根据前述测算得到的结果整理而得。

注：本书以陕西省平均恩格尔系数计算研究区域社会经济发展阶段系数，该数据虽不完全切合研究区域实际，但能够代表其社会经济发展总体趋势。

5.6 小结

本章着眼于渭河流域生态服务价值需求方——下游居民的生态服务价值补偿的支付意愿，同时采用假想市场价值法中的CVM和CE两种方法进行测度。

CVM采用的引导技术为开放双边界二分式，数据处理方法依据选取阶段过程的改变而不同，对部分决策过程（单边界二分式、双边界二分式）分别采用Logit模型和Probit模型，对完整决策过程（开放双边界二分式）分别采用Tobit模型和D-H模型。通过比较不同模型下整体、城镇和农村受访者的系数估计结果和平均支付意愿结果，确定完整决策过程估计结果较部分决策过程更有效，而D-H模型由于细分“参与与否”和“支付多少”两阶段估算得到的结果更为准确。由此，最终确定2015年CVM下渭河流域下游居民对生态服务价值补偿的平均支付意愿为10.351元/月/人，其中城镇居民为12.412元/月/人，农村居民为8.271元/月/人。

对于CE的数据处理，为选择更优的处理模型，分别采用MNL模型和Mixed Logit模型进行估计。结果显示仅包含属性变量的MNL模型无法完全满足IIA假设，而加入个人社会经济特征变量和认知变量的MNL模型拟合度低于Mixed Logit模型。据此，最终采用能够反映受访者偏好异质性来源的Mixed Logit模型作为CE下渭河流域下游居民支付意愿估计模型。2015年渭河流域下游居民对生态服务价值补偿的平均支付意愿为11.285元/月/人，其中城镇居民为13.168元/月/人，农村居民为9.050元/月/人。

本章最后验证了CVM和CE的有效性和可靠性，并比较两种方法的估计结果，认为运用CE评估支付意愿更为合适，它能够反映出更多的受访者信息，为政策执行的侧重点调整提供依据，建议以 CE 估计结果作为渭河流域下游居民真实支付意愿，即认为渭河流域下游居民的平均支付意愿为 11.285 元/月/人，其中城镇和农村居民分别为 13.168 元/月/人和 9.050 元/月/人。并借由能够客观反映社会经济发展水平和居民生活水平的社会经济发展阶段系数，基于调研期 2015 年的调研结果，对不同时期的居民支付意愿进行动态计算，得到 2006～2015 年的下游居民愿意支付的生态服务价值补偿数额分别为 10.190 亿元、10.280 亿元、10.137 亿元、10.533 亿元、11.012 亿元、12.284 亿元、12.502 亿元、15.763 亿元、15.894 亿元、16.058 亿元。

第6章

流域生态服务价值补偿的分摊

通过第4章对渭河流域上游生态服务价值供给的补偿评估与第5章对渭河流域生态服务价值需求方的真实支付意愿测度，发现需求方的真实支付意愿无法足额补偿上游供给的剩余生态服务价值。为实现对渭河流域上游的足额补偿、激励上游保护与建设流域生态环境，应在兼顾效率与公平的基础上，将上游应获得的补偿金额在各需求方之间进行分摊，而如何分摊直接关系流域生态文明的建设与可持续发展的实现。本章依据第3章效率与公平视角下的效用最大化、流域生态服务价值补偿的效用最大化的理论分析，对渭河流域生态服务价值补偿在各需求方之间的进行分摊。首先，对分摊方法与数据来源进行描述；其次，利用层次分析法测算渭河流域生态服务价值各指标的权重；再次，利用结构熵权法确定各指标权重在各补偿主体间的分摊份额，得到兼顾效率与公平的补偿分摊比例；最后，结合测算得到的渭河流域上游供给的剩余生态服务价值，得到各补偿主体应分摊的补偿金额。

6.1 研究区域概况

渭河是黄河第一大支流，分为上、中、下游三段，其中宝鸡峡以上为上游，河长430公里，河道狭窄，水流湍急；宝鸡峡至咸阳为中游，河长180公里，河道较宽，水流分散；咸阳至入黄口为下游，河长208公里，水流较缓，河道泥沙淤积。具体而言，上游区域包括甘肃省的天水市、定西市两市，下游区域包括陕西省的宝鸡市、咸阳市、西安市、渭南市与杨凌示范区等四市一区。

由于渭河是“关中—天水经济区”发展的基础性水源，水资源对于经济区中的干旱地区显得尤为重要，且渭河流域的治理对区域经济发展和西部大开发具有重要影响，中央与地方政府均高度重视渭河流域生态环境保护与建设。早在2001年的时候，中央领导就做出重要批示，提出渭河综合治理要列入重要议程，首先要充分论证，做好规划。地方政府十分重视渭河流域治理问题，为了遏制渭河流域污染，保护流域生态环境，陕西省政府采取多种措施进行渭河流域治理，积极探索环境经济政策，与甘肃省开展对话合作，为进一步改善渭河流域水环境质量，还渭河健康水体，陕西沿线的西安、宝鸡、咸阳、渭南和杨凌示范区联合甘肃天水、定西组建了渭河流域“六市一区”环境保护城市联盟，决定建立流域水质目标联防联控机制、流域生态补偿机制、区域环境保护联席会议和跨界环境事故协商处置机制，并建立渭河污染防治联席会议制度，每年举办1次，共同研究解决区域性和跨界性环境问题。为进一步加强流域上、下游间的合作，两省签订生态补偿协议，由陕西省财政协调解决600万元，对甘肃省天水市、定西市各补偿300万元，专项用于支持渭河流域上游两市污染治理工程、水源地生态建设工程和水质监测能力提升项目。但根据课题组对甘肃省水利厅的调研以及第4章中流域上游为保护流域生态环境所付出成本的分析，发现此金额远无法足额补偿上游为保护生态环境所付出成本。

要实现渭河流域经济发展与生态环境保护的“双赢”，仅依靠政府的支持是不够的，还需要公众的参与。构建合理的流域生态服务价值补偿的分摊机制，有效协调各利益相关主体的关系，以流域整体效用最大化为目标，在需求方之间合理分摊流域生态服务价值补偿，明确各需求方因享有流域生态服务价值所应承担的责任，可有效推进流域水资源公平和高效配置，实现流域可持续发展。

6.2 流域生态服务价值补偿的分摊方法与数据来源

6.2.1 分摊方法

流域生态环境系统中存在两个重要特征：一是尽管不同流域生态系统所供给的各类服务价值类别大致相同，但考虑到区位因素的影响，对于特定流域而言，流域生态系统所供给的各类服务价值的重要性往往是不同的（王春连等，

2010；田颖等，2016），对于渭河流域，其所供给的水源涵养价值明显比文化科研价值重要；二是虽然所有补偿主体都能享有流域生态系统所供给的服务价值，但对于特定类别的生态服务价值，不同主体的受益程度往往不同（杨正勇等，2015；孙宝娣等，2017），对于渭河流域，下游居民对其所供给的水产品价值的受益程度明显大于中央政府。

基于上述两个特征，为兼顾效率与公平，实现社会全体成员的效用最大化，依据不同补偿主体对流域生态系统供给的生态服务价值的受益程度不同，对各补偿主体应分摊的比例进行测算，确定各补偿主体应分摊的补偿数额。对于分摊权重的测算，郭志仪和杨皓然（2011）利用结构熵权法确定生态经济结构、生态经济功能效益和生态安全各指标的权重；沈田华（2013）对三峡库区生态公益林的补偿资金进行分摊，将层次分析法与结构熵权法相结合，得到各补偿主体应分摊的权重；孙宝娣等（2017）运用层次分析法对不同受益主体享有的供给、调节和文化等三类服务价值进行分摊，得到各受益主体对不同类别生态服务价值所应分摊的权重。由于层次分析法属于主观赋权法，常常因专家选取的不同而产生差异，可能会产生溯源数据的不确定性和潜在的偏差（王道平等，2010；宋建波等，2010），为克服层次分析法的不足之处，引入结合主观赋权法和客观赋权法的结构熵权法，对流域生态服务价值补偿在各补偿主体间的分配比例进行测算，可有效减少主观随意性，提高评价指标的可靠性和科学性（程启月，2010）。

因此，综合运用层次分析法和结构熵权法对流域生态服务价值补偿进行分摊。首先利用层次分析法测算流域各类生态服务价值占总生态服务价值的权重，并运用结构熵权法和上述测得的权重，合理确定不同补偿主体对流域生态服务价值补偿应分别分摊的比例，然后结合测算得到的流域生态服务价值供给，最终得到各补偿主体应承担的补偿数额。

具体而言，假设流域生态系统供给的服务价值一共有 n 种，补偿主体有 l 个，首先，可利用层次分析法计算得到第 i 种流域生态服务价值在流域总生态服务价值中所占的权重 ω_i ；其次，利用结构熵权法计算得到第 i 种流域生态服务价值应由第 j 个补偿主体承担的比重 ω_j ；再次，将计算得到的 ω_i 与 ω_j 相乘得到第 j 个补偿主体对第 i 种流域生态服务价值所应分摊的总生态服务价值份额 ω_{ij} ；最后，将所有 ω_{ij} 相加，则可得到第 j 个补偿主体应分摊的生态服务价

值补偿份额 ω'_j，可用公式（6－1）表示：

$$\omega'_j = \sum_{i=1}^{n} \omega_{ij} \quad (6-1)$$

6.2.2 问卷设计与数据来源

（1）问卷设计。生态服务价值由使用价值与非使用价值组成，但由于在问卷调查和访谈的过程中，这两类价值所包含的内容过于宽泛且存在一定的价值重叠，为避免调研过程中受访者对这两类价值的理解出现偏误，进而影响其对各类生态服务价值重要性的判断，因此，在设计问卷的时候，主要是基于生态系统服务功能所产生的价值进行分类。

调查问卷主要包含两部分内容，第一部分是渭河流域各类生态服务价值的重要性，将渭河上游供给的生态服务价值分为，包括供给服务价值、调节服务价值、支持服务价值和文化服务价值（江波等，2011）。其中供给服务价值包括水产品价值、水资源供给价值、水力发电价值；调节服务价值包括气候调节价值、水源涵养价值、环境净化价值、洪水调蓄价值；支持服务价值包括土壤保持价值和生物多样性保护价值；文化服务价值包括休闲娱乐价值和文化科研价值（吴珊珊等，2008；段锦等，2012；马占东等，2014）。在问卷中，相对重要性采用层次分析法常用的"1－9"标度法，请专家根据自己的认知对指标层各指标的相对重要性做出判断，选择"1－9"标度中9个数值的一个，数值越大则说明该指标在该层的重要程度越高（详见表6－1）。

表6－1 "1－9"标度及含义

标度	含义
1	两个指标相比，具有同等重要性
3	两个指标相比，一个指标比另一个指标稍微重要
5	两个指标相比，一个指标比另一个指标明显重要
7	两个指标相比，一个指标比另一个指标非常重要
9	两个指标相比，一个指标比另一个指标极端重要
2、4、6、8	上述两相邻判断的中间值
倒数	若指标 i 与指标 j 的重要性之比为 a_{ij}，则指标 j 与指标 i 的重要性之比为 $1/a_{ij}$

资料来源：根据已有文献整理而得。

第二部分是确定渭河流域生态服务价值补偿的分摊，本书的补偿主体为对流域生态服务价值具有直接需求、与流域生态服务价值补偿行为存在密切利益关系的群体——中央政府、下游地方政府、下游居民，因此在此部分是根据中央政府、下游地方政府、下游居民这三类补偿主体受益于各类别生态服务价值的大小进行排序。

（2）数据来源。为确定渭河流域上游供给的生态服务价值在各补偿主体之间的分摊比例，本书利用专家调查法对问卷进行调查，获得渭河流域生态系统供给的不同类别服务价值的重要性排序的定性数据，以及不同类别服务价值对不同补偿主体的重要性定性排序。通过问卷调查和访谈的形式（见附录C），收集了资源与环境经济学领域和渭河流域上、下游水资源管理部门35位专家的意见，根据35位专家的评分得到各类流域生态服务价值的重要性及量化值。这些专家中22位为高校教师，其中8位教授，14位副教授；其余13位专家则为渭河流域上、下游水资源管理部门的管理层，其中，工作30年以上的有5位，工作20~30年的有6位，工作20年以下的有2位。这在一定程度上确保问卷调查结果的可靠性、客观性与全面性。

在获得各类流域生态服务价值量化值的基础上，根据结构熵权法的原理，设计定性排序的问卷由若干个专家对中央政府、下游地方政府、下游居民三类补偿主体的受益大小进行排序，并经过征询与反馈后形成最终的排序意见，即“典型排序”。为便于进行分组与展开小组讨论，从上述35位专家中挑选24位专家进行调查，共分成4组。首先，向某一组专家发放问卷，专家根据自己的认知对补偿主体的受益大小进行排序；其次，将该组专家的排序结果反馈给该组组内的各位专家，组织该组展开小组讨论；最后，根据讨论结果，确定该组专家对补偿主体受益大小排序的统一意见，形成“典型排序”。

6.3　流域生态服务价值的权重计算

6.3.1　模型构建

层次分析法（analytical hierarchy process，AHP）由美国运筹学家萨蒂于

20 世纪 70 年代提出的一种灵活、简便与实用的多准则决策方法，是目前被广泛使用的指标权重确定方法之一（张炳江，2014）。该方法将评估体系中的各要素分解为若干层次，由专家根据经验对各层次中所列指标的相对重要程度进行两两比较并进行判断评分，通过对若干层次、若干因素进行加权判断后得到评估结果（王道平等，2010；蔡楠等，2010）。

（1）构造层次结构模型。根据对目标问题的分析，构建层次结构模型，将评估体系所包含的各要素划分为不同的递进层次，一般包括目标层、准则层、指标层，典型的层次结构模型见图 6－1。

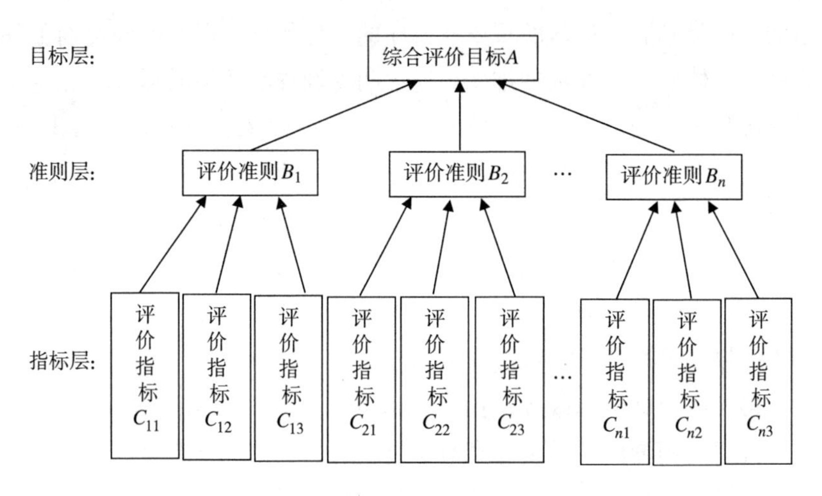

图 6－1　递进层次结构模型示意

如图 6－1 所示，目标层中只有一个要素，代表决策的目的、要解决的问题，即层次分析要达到的总目标；准则层中包含为实现目标所涉及的中间环节，可由若干层次组成，代表考虑的因素、决策的准则；指标层中包含为实现目标可选择的方案、决策、措施等。

（2）构造判断矩阵。在层次结构中，对同一层次的各指标在上一层次的重要程度进行两两比较，按照“1－9”标度法将其定量化，对每一个指标的重要性进行评分，构成判断矩阵，该矩阵为正互反矩阵，具有一致性。

假设层次 A 中的 A_k 要素与层次 B 中的 $B_1,B_2,\cdots,B_n$ 要素有关联，两两比较 $B=B_1,B_2,\cdots,B_n$ 对目标 A 的影响程度，可用 $b_{ij}=B_i/B_j$ 表示，其中，$b_{ij}>0$，$b_{ij}=1/b_{ji}$（$i\neq j$），$(i=1,2,\cdots,n)$ $b_{ii}=1$（$i=1,2,\cdots,n$），代表对于评价目标

A 而言，要素 B_i 与要素 B_j 的相对重要性，可得到如表 6－2 所示的判断矩阵。

表 6－2　　A－B 判断矩阵

A	B_1	B_2	…	B_i	…	B_n
B_1	1	b_{12}	…	b_{1i}	…	b_{1n}
B_2	b_{21}	1	…	b_{2i}	…	b_{2n}
…	…	…	1	…	…	…
B_i	b_{i1}	b_{i2}	…	1	…	b_{in}
…	…	…	…	…	1	…
B_n	b_{n1}	b_{n2}	…	b_{ni}	…	1

资料来源：根据已有文献整理而得。

（3）判断矩阵求解。根据判断矩阵进行层次单排序，确定本层元素的相对权重，可通过求解特征值得到。本书采用和积法计算判断矩阵的最大特征根，计算方法如下：

将判断矩阵中的元素按列归一化：

$$\bar{b}_{ij} = b_{ij} / \sum_{k=1}^{n} b_{ij}, i, j = 1, 2, \cdots, n \tag{6-2}$$

将归一化后的矩阵的同一行各列相加：

$$\tilde{w}_i = \sum_{j=1}^{n} \bar{b}_{ij}, i = 1, 2, \cdots, n \tag{6-3}$$

将相加后的向量除以 n 得到权重向量：

$$w_i = \bar{w}_i / n \tag{6-4}$$

计算判断矩阵的最大特征根：

$$\lambda \max = \frac{1}{n} \sum_{i=1}^{n} \frac{(Aw)_i}{w_i} \tag{6-5}$$

其中，$(Aw)_i$ 代表向量 Aw 的第 i 个分量。

（4）判断矩阵的一致性检验。在进行计算的过程，需要对判断矩阵的特征向量（权重）的合理性进行检验，即检验判断矩阵的一致性，检验公式为：

$$CR = \frac{CI}{RI}$$

$$CI = \frac{\lambda_{\max} - n}{n - 1} \tag{6-6}$$

其中，CR 代表判断矩阵的一致性比例，CI 代表判断矩阵的一致性指标，RI 代表判断矩阵的平均随机一致性指标，可通过查表得到。当 $CR < 0.10$ 时，认为判断矩阵通过一致性检验；反之，则认为判断矩阵不具有一致性，需对判断矩阵进行修正。

（5）层次总排序。层次总排序是指利用同一层次中的单排序结果，得到该层次中各因素针对上一层次的相对权重，其实质是单层重要性权重的加权。

假设上一层次 B 上有 n 个元素 $B_1,B_2,\cdots,B_n$，其层次单排序权重为 $b_1,b_2,\cdots,b_n$，下一层次 C 上有 m 个元素 $C_1,C_2,\cdots,C_m$，对应的 B_j 的层次单排序权重为 $c_{1j},c_{2j},\cdots,c_{mj}$。则 C 层次中各因素的层次总排序为 $c_1,c_2,\cdots,c_m$，其中 $C_j = \sum_{j=1}^{n} b_j c_{ij}$，$i = 1,2,\cdots,m$。

由于在进行综合考察时，各层次的非一致性仍可能积累起来导致非一致性，因此，即使各层次都通过层次单排序的一致性检验，也应对层次的总排序进行一致性检验，检验公式为：

$$CR = \frac{\sum_{j=1}^{n} b_j CI_j}{\sum_{j=1}^{n} b_j RI_j} \tag{6-7}$$

类似地，当 $CR < 0.10$ 时，认为层次总排序结果通过一致性检验；反之，则认为层次总排序结果不具有一致性。

6.3.2 权重计算

结合本书的研究目标，将渭河流域生态服务价值作为目标层，记为 A；供给服务价值、调节服务价值、支持服务价值和文化服务价值作为准备层，分别记为 B_1、B_2、B_3、B_4；将具体的 11 项价值作为指标层，分别记为 $C_1 \sim C_3$、$C_4 \sim C_7$、$C_8 \sim C_9$、$C_{10} \sim C_{11}$，具体层次结构如图 6－2 所示。

根据专家调查问卷的整理结果，对 35 位专家针对各指标的相对重要性给出的评分进行一致性检验，其中 34 位专家的评分通过一致性检验。对这 34 位专家给出的重要性评分进行平均值处理（陶宇，2015），形成 5 个判断矩阵。利用 Yaahp 软件对判断矩阵中各指标权重进行计算，并检验各矩阵的一致性。结果分别如表 6－3 ~ 表 6－7 所示。

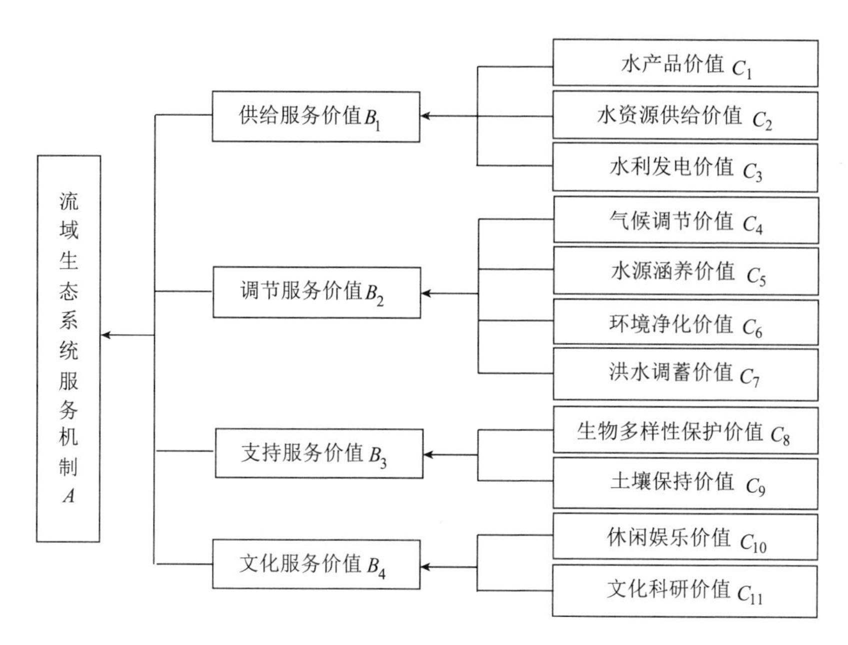

图6-2　渭河流域生态服务价值层次结构

表6-3　流域生态服务价值指标判断矩阵与权重

	供给服务价值	调节服务价值	支持服务价值	文化服务价值	权重
供给服务价值	1	1/2	3	5	0.3093
调节服务价值	2	1	4	6	0.4919
支持服务价值	1/3	1/4	1	3	0.1362
文化服务价值	1/5	1/6	1/3	1	0.0626
检验	$\lambda max = 4.0796$		$CR = 0.0298 < 0.10$		

资料来源：利用Yaahp软件测算而得。

表6-4　供给服务价值指标判断矩阵与权重

	水产品价值	水资源供给价值	水力发电价值	权重
水产品价值	1	1/3	3	0.2605
水资源供给价值	3	1	5	0.6333
水力发电价值	1/3	1/5	1	0.1062
检验	$\lambda max = 3.0387$		$CR = 0.0372 < 0.10$	

资料来源：利用Yaahp软件测算而得。

表 6 – 5　　调节服务价值指标判断矩阵与权重

	气候调节价值	水源涵养价值	环境净化价值	洪水调蓄价值	权重
气候调节价值	1	1/3	3	5	0. 2671
水源涵养价值	3	1	5	7	0. 5628
环境净化价值	1/3	1/5	1	2	0. 1079
洪水调蓄价值	1/5	1/7	1/2	1	0. 0622
检验	$\lambda max = 4.0687$　　$CR = 0.0257 < 0.10$				

资料来源：利用 Yaahp 软件测算而得。

表 6 – 6　　支持服务价值指标判断矩阵与权重

	土壤保持价值	生物多样性保护价值	权重
土壤保持价值	1	3	0. 7500
生物多样性保护价值	1/3	1	0. 2500
检验	$\lambda max = 2.0000$　　$CR = 0.0000 < 0.10$		

资料来源：利用 Yaahp 软件测算而得。

表 6 – 7　　文化服务价值指标判断矩阵与权重

	休闲娱乐价值	文化科研价值	权重
休闲娱乐价值	1	5	0. 8333
文化科研价值	1/5	1	0. 1667
检验	$\lambda max = 2.0000$　　$CR = 0.0000 < 0.10$		

资料来源：利用 Yaahp 软件测算而得。

由表 6 – 3 ~ 表 6 – 7 可知，5 个判断矩阵均通过一致性检验，说明权重系数的分配合理。根据以上指标权重结果，可以得到层次总排序结果，即流域生态系统供给的各类服务价值占流域总生态服务价值的权重，详见表 6 – 8。

表 6－8　　流域生态服务价值各指标权重

目标层	准则层	权重	指标层	权重	综合权重
流域生态服务价值	供给服务价值	0.3093	水产品价值	0.2605	0.0806
			水资源供给价值	0.6333	0.1959
			水力发电价值	0.1062	0.0328
	调节服务价值	0.4919	气候调节价值	0.2671	0.1314
			水源涵养价值	0.5628	0.2768
			环境净化价值	0.1079	0.0531
			洪水调蓄价值	0.0622	0.0306
	支持服务价值	0.1362	土壤保持价值	0.7500	0.1021
			生物多样性保护价值	0.2500	0.0341
	文化服务价值	0.0626	休闲娱乐价值	0.8333	0.0522
			文化科研价值	0.1667	0.0104
检验		$CR = 0.0279 < 0.10$			

资料来源：利用 Yaahp 软件测算而得。

由表 6－8 可知，层次总排序通过一致性检验，说明各类流域生态服务价值权重系数分配合理。根据准则层 5 个指标对目标层的权重比较，调节服务价值最大，权重为 0.4919；文化服务价值最小，权重为 0.0626。

从指标层的各项指标层次总排序结果来看，水源涵养价值最大，水资源供给价值次之，权重分别为 0.2768 和 0.1959；文化科研价值最小，洪水调蓄价值次之，权重分别为 0.0104 和 0.0306。说明在流域生态系统供给的各类服务价值中，水源涵养价值和水资源供给价值最多，洪水调蓄价值和文化科研价值最少。

6.4　流域补偿主体分摊的比例计算

6.4.1　模型构建

结构熵权法是一种将定性与定量分析相结合的确定指标权重的方法，其基本思想是：通过分析系统中各指标之间的相互关系，将其分解为若干个独立的层次结构，然后通过收集专家意见，利用德尔斐法与模糊分析法，形成各指标重要程度的“典型排序”，再利用熵理论对“典型排序”的不确定性计算熵值，然后通过“盲度”分析对可能产生的潜在偏差进行处理，获取同一层次指标的相对重要性排序，最终确定各层次同类指标的权重（程启月，2010；胡珺等，2012）。

（1）收集专家意见，形成“典型排序”。利用德尔斐法收集专家意见，根据各指标的特性设计定性排序的《指标体系权重专家调查表》。向若干个专家进行调查，专家依据自己的知识和经验，对指标的重要性排序给出意见（采用打“√”的方式）。经过单独调查、信息反馈、小组讨论等步骤，最终明确专家的排序意见，即为“典型排序”，详见表6－9。

表6－9　　测评指标重要性排序

指标	评估人序号	第一选择	第二选择	第三选择	第四选择
指标1	1	√			
	2		√		
	3	√			
指标2	1		√		
	2	√			
	3			√	
指标3	1			√	
	2			√	
	3		√		
指标4	1				√
	2				√
	3				√

资料来源：根据已有文献整理而得。

注：专家可认为两个或两个以上指标同等重要。

（2）“典型排序”的“盲度”分析。由于专家组形成的“典型排序”可能会受到数据“噪声”的影响而产生潜在误差和认知产生的不确定性，为减少和消除潜在误差与不确定性，可通过计算熵值提高“典型排序”的可信度和精确度。

假设有 k 组专家参加调查，得到 k 张排序表，每一张表对应一个指标集，记为 $U = (u_1, u_2, \cdots, u_n)$，指标及对应的“典型排序”数组，记为 $(a_{i1}, a_{i2}, \cdots, a_{in})$，$k$ 张排序表的排序矩阵记为 A，A 即为指标的“典型排序”矩阵，其中 $A = (a_{ij})_{k\times n}$，$i = 1,2,\cdots,k$，$j = 1,2,\cdots,n$，a_{ij} 代表第 i 组专家对指标 j 的评价。$(a_{i1}, a_{i2}, \cdots, a_{in})$ 取自然数 $(1,2,\cdots,n)$ 中任意一个数。例如当需要对4个指标进行排序时，指标“典型排序”数据 $(a_{i1}, a_{i2}, \cdots, a_{in})$ 中 $n = 4$，可以取（1，2，3，4）中任意一个数。

对“典型排序”进行定性与定量的转化，转化的隶属函数为：

$$\chi(I) = -\lambda p_n(I)\ln p_n(I) \tag{6-8}$$

其中 I 为专家组按照“典型排序”的规则和方法，对某个指标进行评估后给出的定性排序数值。

令 $p_n(I) = \dfrac{m-I}{m-1}$，$\lambda = \dfrac{1}{\ln(m-1)}$，代入式（6-8）并化简可得：

$$\chi(I) = -\frac{(m-I)\ln(m-I)}{(m-1)\ln(m-1)} + \frac{m-I}{m-1} \tag{6-9}$$

将式（6-9）两边同除 $\dfrac{m-I}{m-1}$，并令 $\mu(I) = \chi(I)/(\dfrac{m-I}{m-1}) - 1$，则：

$$\mu(I) = -\frac{\ln(m-I)}{\ln(m-1)} \tag{6-10}$$

其中，μ 是定义在［0，1］上的变量，$\mu(I)$ 为 I 对应的隶属函数值，$I = 1, 2, \cdots, j, j+1$，j 为实际最大顺序号。将 m 转化为参数量，取 $m = j+2$。

当 $I = 1$ 时，$p_n(1) = \dfrac{m-1}{m-1} = 1$；

当 $I = j+1$ 时，$p_n(j+1) = \dfrac{(j+2)-(j+1)}{(j+2)-1} = \dfrac{1}{j+1} > 0$。

将排序数 $I = a_{ij}$ 代入式（6-10）中，可得 a_{ij} 定量转化值 b_{ij}（$\mu(a_{ij}) = b_{ij}$），b_{ij} 为排序数 I 的隶属度，矩阵 $B = (b_{ij})_{k\times n}$ 为隶属度矩阵。假设专家对指标 u_j 具有相同的话语权，专家对指标 u_j 的“一致看法”即为平均认识度，记为 b_j。

令 $b_j = \dfrac{b_{1j} + b_{2j} + \cdots + b_{kj}}{k}$，则可定义专家 z_i 对指标 u_j 因认知产生的不确

定性为“认识盲度”，记为 Q_j 。

$$Q_j = |\{[\max(b_{1j},b_{2j},\cdots,b_{kj}) - b_j] + [\min(b_{1j},b_{2j},\cdots,b_{kj}) - b_j]\}/2| \tag{6-11}$$

假设 k 组专家对指标 u_j 的总认识度为 x_j ，则：

$$x_j = b_j(1 - Q_j) \ , \quad x_j > 0 \tag{6-12}$$

最后，由 x_j 可计算得到 k 组专家对指标 u_j 的评价向量 $X = (x_1,x_2,\cdots,x_n)$ 。

（3）归一化处理。为得到指标 u_j 的权重，对 x_j 进行归一化处理，可得：

$$a_j = x_j / \sum_{i=1}^{m} x_j \tag{6-13}$$

显然，满足 $a_j(j = 1,2,\cdots,n) > 0$ ，且 $\sum_{j=1}^{n} a_j = 1$ 。$(a_1,a_2,\cdots,a_n)$ 即为 k 组专家对指标集 $U = (u_1,u_2,\cdots,u_n)$ 重要性的一致性判断，$W = (a_1,a_2,\cdots,a_n)$ 即为指标集 $U = (u_1,u_2,\cdots,u_n)$ 的权向量。

6.4.2 分摊比例的确定

在当前国内的流域生态补偿中，大多是由政府承担补偿。由本书测算得到的渭河流域上游供给的剩余生态服务价值可知，单纯由政府进行补偿将会给国家财政造成极大压力，迫使国家降低对流域上游的补偿标准，会导致流域上游为保护环境付出的成本无法得到足额补偿，使上游居民的效用水平降低。为实现流域整体效用最大化，应采用合理的方法对流域生态服务价值补偿进行分摊，使各补偿主体根据自身享有上游供给的生态服务价值的数额对上游居民进行补偿。

从前文分析可知，渭河流域生态服务价值的补偿主体主要包括中央政府、下游地方政府、下游居民，这三类补偿主体应根据自身享有上游供给的生态服务价值的份额对上游居民进行补偿。利用德尔斐法收集到 24 位专家意见，通过对专家的意见进行整理，利用式（6－10）得到各指标排序数的隶属度矩阵，具体如表 6－10 所示。

表6-10 各指标排序数的隶属度矩阵

生态系统服务价值类别	补偿主体	评估人序号			
		专家1组	专家2组	专家3组	专家4组
水产品价值	中央政府	0.5000	0.5000	1.0000	0.5000
	下游地方政府	0.7925	0.7925	1.0000	0.7925
	下游居民	1.0000	1.0000	0.7925	1.0000
水资源供给价值	中央政府	0.5000	0.5000	0.7925	0.5000
	下游地方政府	0.7925	1.0000	1.0000	0.7925
	下游居民	1.0000	0.7925	1.0000	1.0000
水力发电价值	中央政府	0.5000	0.7925	0.7925	0.5000
	下游地方政府	1.0000	1.0000	1.0000	1.0000
	下游居民	0.7925	0.5000	0.5000	0.7925
气候调节价值	中央政府	1.0000	1.0000	1.0000	1.0000
	下游地方政府	0.7925	0.5000	0.7925	0.7925
	下游居民	0.5000	0.7925	0.5000	0.5000
水源涵养价值	中央政府	0.7925	0.5000	1.0000	1.0000
	下游地方政府	1.0000	0.7925	0.7925	0.7925
	下游居民	0.5000	1.0000	0.5000	0.5000
环境净化价值	中央政府	0.5000	1.0000	1.0000	1.0000
	下游地方政府	1.0000	0.7925	0.7925	0.7925
	下游居民	0.7925	0.5000	0.7925	0.5000
洪水调蓄价值	中央政府	0.7925	0.7925	1.0000	0.7925
	下游地方政府	1.0000	0.5000	0.7925	1.0000
	下游居民	0.5000	1.0000	0.5000	0.5000
土壤保持价值	中央政府	0.5000	0.5000	1.0000	0.7925
	下游地方政府	1.0000	0.7925	0.7925	1.0000
	下游居民	0.7925	1.0000	0.7925	0.5000

续表

生态系统服务价值类别	补偿主体	评估人序号			
		专家1组	专家2组	专家3组	专家4组
生物多样性保护价值	中央政府	1.0000	1.0000	1.0000	1.0000
	下游地方政府	0.7925	0.7925	0.7925	0.7925
	下游居民	0.5000	0.5000	0.5000	0.5000
休闲娱乐价值	中央政府	0.5000	0.7925	0.7925	0.5000
	下游地方政府	0.7925	1.0000	1.0000	0.7925
	下游居民	1.0000	0.5000	0.5000	1.0000
文化科研价值	中央政府	0.7925	1.0000	1.0000	1.0000
	下游地方政府	1.0000	0.7925	0.7925	0.7925
	下游居民	0.5000	0.5000	0.5000	0.5000

资料来源：根据调研问卷整理而得。

根据表6－10得到的隶属度矩阵，结合式（6－12）与式（6－13），可得到专家对指标集的总体认识度与分摊的权重，具体如表6－11所示。

表6－11　　专家对指标集的总认识度与分摊权重

生态系统服务价值类别	总认识度			权重		
	中央政府	下游地方政府	下游居民	中央政府	下游地方政府	下游居民
水产品价值	0.5469	0.8006	0.8989	0.2434	0.3564	0.4002
水资源供给价值	0.5312	0.8962	0.8989	0.2283	0.3853	0.3864
水力发电价值	0.6462	1.0000	0.6462	0.2819	0.4362	0.2819
气候调节价值	1.0000	0.6668	0.5312	0.4550	0.3034	0.2417
水源涵养价值	0.7629	0.8006	0.5469	0.3615	0.3793	0.2591
环境净化价值	0.7656	0.8006	0.6462	0.3461	0.3618	0.2921

续表

生态系统服务价值类别	总认识度			权重		
	中央政府	下游地方政府	下游居民	中央政府	下游地方政府	下游居民
洪水调蓄价值	0.8006	0.7629	0.5469	0.3793	0.3615	0.2591
土壤保持价值	0.6619	0.8962	0.7549	0.2862	0.3875	0.3264
生物多样性保护价值	1.0000	0.7925	0.5000	0.4362	0.3457	0.2181
休闲娱乐价值	0.6462	0.8962	0.7500	0.2819	0.3909	0.3272
文化科研价值	0.8989	0.8006	0.5000	0.4087	0.3640	0.2273

资料来源：根据调研问卷整理而得。

表6-11显示了不同补偿主体对渭河流域不同类别的生态服务价值所应分摊的权重，将该权重与各类流域生态服务价值在流域总生态服务价值中所占的比重相乘，则可得到各补偿主体因享有流域上游供给的生态服务价值而应承担的补偿份额的权重，具体见表6-12。

表6-12　渭河流域补偿主体应承担的补偿份额的权重

价值类别	分项价值及其权重(w_i)	补偿主体	分项价值的分摊权重(w_j)	总价值的分摊权重(w_{ij})
供给服务价值	水产品价值(0.0806)	中央政府	0.2434	0.0196
		下游地方政府	0.3564	0.0287
		下游居民	0.4002	0.0323
	水资源供给价值(0.1959)	中央政府	0.2283	0.0447
		下游地方政府	0.3853	0.0755
		下游居民	0.3864	0.0757
	水力发电价值(0.0328)	中央政府	0.2819	0.0092
		下游地方政府	0.4362	0.0143
		下游居民	0.2819	0.0092

续表

价值类别	分项价值及其权重(w_i)	补偿主体	分项价值的分摊权重(w_j)	总价值的分摊权重(w_{ij})
调节服务价值	气候调节价值(0.1314)	中央政府	0.4550	0.0598
		下游地方政府	0.3034	0.0399
		下游居民	0.2417	0.0318
	水源涵养价值(0.2768)	中央政府	0.3615	0.1001
		下游地方政府	0.3793	0.1050
		下游居民	0.2591	0.0717
	环境净化价值(0.0531)	中央政府	0.3461	0.0184
		下游地方政府	0.3618	0.0192
		下游居民	0.2921	0.0155
	洪水调蓄价值(0.0306)	中央政府	0.3793	0.0116
		下游地方政府	0.3615	0.0111
		下游居民	0.2591	0.0079
支持服务价值	土壤保持价值(0.1021)	中央政府	0.2862	0.0292
		下游地方政府	0.3875	0.0396
		下游居民	0.3264	0.0333
	生物多样性保护价值(0.0341)	中央政府	0.4362	0.0149
		下游地方政府	0.3457	0.0118
		下游居民	0.2181	0.0074
文化服务价值	休闲娱乐价值(0.0522)	中央政府	0.2819	0.0147
		下游地方政府	0.3909	0.0204
		下游居民	0.3272	0.0171
	文化科研价值(0.0104)	中央政府	0.4087	0.0043
		下游地方政府	0.3640	0.0038
		下游居民	0.2273	0.0024

资料来源：根据调研问卷整理而得。

根据表6－12的计算结果，最终可以得到各补偿主体对渭河流域上游供给的生态服务价值的分摊权重。以中央政府为例，根据专家调查结果，中央政府应承担渭河流域上游供给的包括水产品价值、水资源供给价值、水力发电价值、气候调节价值、水源涵养价值、环境净化价值、洪水调蓄价值、土壤保持价值、生物多样性保护价值、休闲娱乐价值和文化科研价值在内的共11种生态服务价值，由于中央政府所享有的各类生态服务价值的大小不同，其所应承担的补偿责任不同，其应分摊的补偿份额的权重分别为0.0196、0.0447、0.0092、0.0598、0.1001、0.0184、0.0116、0.0292、0.0149、0.0147、0.0043，总权重为0.3265，即中央政府应承担的补偿额度为流域上游所供给的生态服务价值的32.65%。下游地方政府和下游居民所应分摊的补偿比例的计算方法相同，可得到该比例分别为36.92%、30.43%，具体结果见表6-13。

表6-13　渭河流域生态服务价值分摊比例

	中央政府	下游地方政府	下游居民
分摊权重	0.3265	0.3692	0.3043

资料来源：根据前述测得的数据整理而得。

6.5　流域补偿主体分摊的补偿

根据在第4章中测算得到的2006~2015年渭河流域上游供给的剩余生态服务价值，结合中央政府、下游地方政府与下游居民对渭河流域生态服务价值补偿的分摊比例，可以得到2006~2015年各补偿主体应分摊的流域生态服务价值补偿，详见表6-14。

表6-14　各补偿主体应分摊的生态服务价值补偿　　单位：亿元

年份	中央政府	下游地方政府	下游居民
2006	2.66	3.01	2.48
2007	4.44	5.02	4.13
2008	2.63	2.98	2.46
2009	4.15	4.69	3.87
2010	5.13	5.80	4.78

续表

年份	中央政府	下游地方政府	下游居民
2011	6. 68	7. 56	6. 23
2012	8. 63	9. 75	8. 04
2013	10. 35	11. 70	9. 64
2014	9. 17	10. 37	8. 54
2015	11. 87	13. 43	11. 07

资料来源：根据前述测得的数据整理而得。

由表6－14可知，渭河流域下游各补偿主体对上游的补偿金额总体呈上升趋势，中央政府、下游地方政府、下游居民三类补偿主体应分摊的额度分别从2006年的2. 66亿、3. 01亿、2. 48亿元上升至2015年的11. 87亿、13. 43亿、11. 07亿元。将测算得到的2006～2015年下游居民应分摊的生态服务价值与第5章中测算得到的下游居民愿意支付的补偿额度进行比较，发现下游居民应分摊的补偿数额均小于下游居民愿意支付的补偿数额，说明测算得到的分摊结果在下游居民愿意支付的范围内，是合理、可行的。

在该分摊方案中，首先，中央政府与地方政府仍然是承担流域生态服务价值补偿的主力军，反映出流域生态服务的公共产品特性；其次，流域生态服务价值的需求方分摊了补偿所需的部分资金，可以切实减轻国家与地方政府保护与建设生态环境的财政压力，使有限的财政资金可以更充分地用于社会经济发展过程中其他亟须解决的问题，从而进一步提高社会的整体效用水平；然后，需求方承担部分生态服务价值补偿责任，体现了外部性理论与生态环境价值理论的理论观点，明确了环境资源使用者付费的发展理念，不仅有利于流域整体的建设与发展，也有利于提高社会公众的环保意识；再次，需求方中纳入了下游地方政府，不仅有利于促进流域区域间生态服务价值补偿的实践，也对其他自然资源的补偿具有一定的借鉴意义；最后，分摊结果从定量上确定各补偿主体因享有流域生态服务价值所应承担的补偿数额，不仅可以促进社会公平与效率的实现、提高流域整体效用水平，还有利于各补偿主体清晰地认识流域生态环境所发挥的巨大作用，强化其对生态环境保护与建设的责任感与使命感。因此，笔者认为测算得到的分摊结果是科学、合理的。

6.6　小结

本章对渭河流域生态服务价值补偿的分摊进行分析，依据生态服务价值需求方的受益程度，利用层次分析法和结构熵权法测算各补偿主体对流域生态服务价值补偿的分摊比例，结合上游供给的剩余生态服务价值确定各补偿主体应承担的补偿数额。首先，利用层次分析法测算流域各类生态服务价值权重，通过构建层次结构分析模型，对流域生态服务价值包含的供给服务价值、调节服务价值、支持服务价值和文化服务价值四类价值及四类价值项下包含的各指标的权重进行计算，并检验各矩阵的一致性，得到流域各类生态服务价值权重系数分配。其次，利用结构熵权法确定各层次同类指标的权重，通过对专家意见的整理形成隶属度矩阵，得到专家对指标集的总体认识度与分配权重，结合利用层次分析法得到的各类生态服务价值权重，可进一步得到各补偿主体应承担的补偿份额的权重，最终得到中央政府、下游地方政府与下游居民对渭河流域生态服务价值的分摊比例分别为32.65%、36.92%、30.43%。最后，根据各补偿主体对流域生态服务价值补偿的分摊比例，结合第4章测算得到的渭河流域上游供给的剩余生态服务价值，可以得到2006~2015年，中央政府应分别支付补偿2.66亿元、4.44亿元、2.63亿元、4.15亿元、5.13亿元、6.68亿元、8.63亿元、10.35亿元、9.17亿元、11.87亿元；下游地方政府应分别支付补偿3.01亿元、5.02亿元、2.98亿元、4.69亿元、5.80亿元、7.56亿元、9.75亿元、11.70亿元、10.37亿元、13.43亿元；下游居民应分别支付补偿2.48亿元、4.13亿元、2.46亿元、3.87亿元、4.78亿元、6.23亿元、8.04亿元、9.64亿元、8.54亿元、11.07亿元。

通过对渭河流域生态服务价值补偿的分摊测算，发现中央政府、下游地方政府和下游居民应分别支付的补偿从2006年的2.66亿元、3.01亿元、2.48亿元上升至2015年的11.87亿元、13.43亿元、11.07亿元，说明各补偿主体应对上游支付的补偿金额总体呈上升趋势。并且，下游居民应分摊的生态服务价值补偿均小于下游居民愿意支付的补偿额度，说明流域下游居民应承担的分摊额度在自己愿意支付的范围内，在兼顾下游居民效用的基础上提高上游效用水平，减轻国家与地方政府保护与建设生态环境的财政压力，在足额补偿上游供给的生态服务价值的同时，可将有限的财政资金更充分地用于社会经济发展过程中其他亟须解决的问题，从而进一步提高社会的整体效用水平。该分摊方案根据需求方享有的流域生态服务价值份额，确定各补偿主体应对上游支付的补偿金额，分摊的结果兼顾了效率与公平，能够提高流域整体效用水平，说明测算得到的分摊结果是科学、合理的。

第7章 结论与展望

7.1 研究结论及对策建议

7.1.1 研究结论

本书针对流域生态服务价值补偿的困境，从供给与需求的视角对流域生态服务价值补偿进行研究，构建了流域生态服务价值供给的补偿、需求方的支付意愿以及流域生态服务价值补偿效用最大化的理论分析框架。在统一逻辑框架下对基于供给与需求的流域生态服务价值补偿进行实证研究，首先，对流域上游供给的生态服务价值进行评估，在测算得到流域上游供给的生态服务价值的基础上，剔除上游自身消费的生态服务价值，得到上游应获得的补偿数额；其次，对流域下游居民的支付意愿进行测度与分析，得到下游居民的真实支付意愿；最后，针对下游居民的支付意愿无法足额补偿上游供给的剩余生态服务价值的问题，将流域生态服务价值补偿在各补偿主体中进行分摊，确定补偿主体应分摊的补偿数额，最大化流域整体的效用水平。通过理论分析和实证研究，主要得到以下结论：

（1）基于生态服务价值供给方的视角，评估2006~2015年渭河流域上游供给的生态服务价值，在剔除上游自身消费的生态服务价值的基础上确定上游应获得的补偿标准。首先，通过遥感图像和GIS分析方法获取渭河流域上游土地利用数据，利用当量因子法、机会成本法和能值分析法三种方法，测算渭河流域上游在2006~2015年的生态服务价值供给；其次，利用水足迹法确定上游2006~2015年间自身消费的生态服务价值；再次，在当量因子法、机会成本法和能值分析法测算得到的生态服务价值供给的基础上，剔除上游自身消费的生态服务价值，得到上游供给的剩余生态服务价值；最后，通过对当量因子法、机会成本法和能值分析法三种方法的测算结果与优缺点进行比较，认为能值分析法可改进或弥补当量因子法和机会成本法存在的价值判断标准差异的不足，较之当量因子法和机会成本法的测算结果更为科学、客观。因此，将能值分析法与水足迹法相结合，得到2006～2015年，流域上游应获得的生态服务价值补偿分别为8.15亿元、13.59亿元、8.07亿元、12.71亿元、15.71亿元、20.47亿元、26.42亿元、31.69亿元、28.08亿元、36.37亿元。

通过评估渭河流域上游供给的生态服务价值，发现2006～2015年上游供给的剩余生态服务价值总体呈上升的趋势，说明上游为保护与建设流域生态环境不断付出努力，下游无偿享有的流域生态服务价值也在不断增加。上游只有获得生态服务价值供给的足额补偿，才能缓解上游保护环境与发展经济的矛盾，实现流域的可持续发展。

（2）基于生态服务价值需求方的视角，利用CVM与CE对渭河流域下游居民的支付意愿进行测度，得到2006～2015年下游居民愿意支付的补偿数额。根据流域生态服务价值需求方支付意愿测度体系的理论分析，建立测算下游居民支付意愿的假想市场法的测度体系，将CVM与CE联合使用并择优确定。对于CVM，采用开放双边界二分式问卷，并分别利用Logit模型、Probit模型、Tobit模型与D－H模型对不同决策阶段的数据进行处理，通过比较不同模型下的系数估计结果与支付意愿结果，确定D－H模型分“参与与否”和“金额多少”两个阶段估算而得的结果更为准确，得到CVM下、2015年渭河流域下游居民的平均支付意愿为10.351元/月/人，其中城镇、农村居民分别为12.412元/月/人、8.271元/月/人。对于CE，采用MNL模型和Mixed Logit模型处理数据，由于添加了变量交互项的MNL模型虽然减轻了仅含属性变量时对IIA假设违背，但其拟合优度仍小于完全放松限制条件的Mixed Logit模型，因此认为Mixed Logit模型得到的结果更为准确，得到CE下、2015年渭河流域下游居民的平均支付意愿为11.285元/月/人，其中城镇、农村居民分别为13.168元/月/人、9.050元/月/人。

最终，通过检验和比较CVM与CE的结果，认为运用CE评估的支付意愿够反映出更多的受访者信息，为政策执行的侧重点调整提供依据，因此认为以CE的估计结果作为下游居民的真实支付意愿更为合适。并借由能够客观反映社会经济发展水平和居民生活水平的社会经济发展阶段系数，在2015年的调研结果的基础上对不同时期的居民支付意愿进行动态计算，得到2006~2015年的下游居民愿意支付的补偿数额分别为10.190亿元、10.280亿元、10.137亿元、10.533亿元、11.012亿元、12.284亿元、12.502亿元、15.763亿元、15.894亿元、16.058亿元。

（3）依据生态服务价值需求方的受益程度，利用层次分析法与结构熵权法确定各补偿主体对渭河流域生态服务价值补偿的分摊比例，结合上游供给的剩余生态服务价值确定各补偿主体应支付的补偿额度。由于下游居民的真实支付意愿无法足额补偿上游的生态服务价值供给，为实现对上游的足额补偿与效用最大化，应将上游供给的剩余生态服务价值在各补偿主体间进行分摊。首先，利用层次分析法确定流域生态服务价值各指标的权重，通过构建层次结构模型处理专家调查问卷的数据，得到流域各类生态服务价值占流域总生态服务价值的权重；其次，利用结构熵权法确定各补偿主体对渭河流域生态服务价值的分摊比例，根据各补偿主体所享有的各类价值的大小不同，构建结构熵权模型测算得到中央政府、下游地方政府与下游居民应分摊的比例分别为32.65%、36.92%、30.43%；最后，结合上游供给的剩余生态服务价值，得到2006~2015年中央政府应分别支付补偿2.66亿元、4.44亿元、2.63亿元、4.15亿元、5.13亿元、6.68亿元、8.63亿元、10.35亿元、9.17亿元、11.87亿元；下游地方政府应分别支付补偿3.01亿元、5.02亿元、2.98亿元、4.69亿元、5.80亿元、7.56亿元、9.75亿元、11.70亿元、10.37亿元、13.43亿元；下游居民应分别支付补偿2.48亿元、4.13亿元、2.46亿元、3.87亿元、4.78亿元、6.23亿元、8.04亿元、9.64亿元、8.54亿元、11.07亿元。

通过对渭河流域生态服务价值补偿的分摊，发现下游居民应分摊的生态服务价值补偿均小于下游居民愿意支付的补偿额度，说明该分摊结果在兼顾下游居民效用水平的基础上提高上游效用水平，同时有效减轻国家与地方政府保护生态环境的财政压力，有利于促进经济与生态环境的协调发展、提高社会的整体效用水平。

7.1.2 对策建议

根据上述主要研究结论，结合中国流域生态服务价值补偿中存在的问题，提出以下政策建议：

（1）合理确定流域生态服务价值补偿标准。应利用科学、合理的方法评估上游供给的生态服务价值，并在剔除自身消费的基础上确定上游应获得的补偿标准，保证上游对生态环境的保护与建设付出的成本与努力得到足额补偿。在渭河流域的案例中，比较当量因子法、机会成本法和能值分析法三种方法，明确能值分析法可改进或弥补当量因子法与机会成本法存在的价值判断标准差异的不足，确定在能值分析法测算结果的基础上剔除自身消费的生态服务价值，为科学、合理的流域生态服务价值补偿标准。另外，在不同阶段同一客体供给的流域生态服务价值是不同的，流域生态服务价值供给会随着区域社会经济的发展水平与生活水平的升降而不断变化。在经济社会发展和生活水平较低的时期，流域上游原有的、影响生态环境资源的活动并不强烈，对上游发展经济的限制造成的禁限损失与人类投入的能量较小，提供的流域生态服务价值也较低，自然应受的补偿也较小。在经济社会发展和生活水平较高时期，流域上游利用当地特有的资源禀赋进行经营活动，发展区域经济，此时对上游发展经济的限制造成的禁限损失与人类投入的能量自然会提高，上游供给的生态服务价值也会提高，应获得的补偿也较高。因此，应对生态服务价值供给方按照差异化的补偿要求，实施动态的生态服务价值补偿标准。

（2）扩大中央政府与地方政府的纵向与横向转移支付。流域上游通常是经济发展落后的地区，上游地方政府的财政收入水平有限，而上游地区常常由于服从当地水源保护的需要而限制当地工业发展，进一步制约了当地的经济增长，使其同时面临生态环境保护成本增加和机会成本损失的双重压力。在渭河流域的案例中，渭河上游逐年增加生态服务价值的供给，中央与地方政府现有的转移支付无法足额补偿其享有的上游生态服务价值供给。为了激励上游保护与建设流域生态环境，一方面，中央政府应加大对上游的一般性和专项财政转移支付，提高上游政府的基本财政收入水平，保证财政支出能力；另一方面，由于下游通常是经济较为发达的地区，下游在进行大规模工业化和城镇化开发的同时，也无偿享有上游供给的生态服务价值，下游应根据自身享有的生态服务价值数额，结合自己的财政情况，尽量扩大对上游的横向转移支付。同时，下游除向上游提供资金支持外，还应在技术、人力交流等方面提供便利，促进上游自身的发展能力。因此，可以通过扩大中央政府与地方政府的纵向与横向转移支付提高流域上游地区的一般性均等化财政水平，进而使上游地方政府的生态保护努力水平提高。

（3）拓宽补偿资金来源渠道。在现阶段，流域生态服务价值补偿主要以中央政府的纵向转移支付为主，造成中央政府的财政压力巨大，不利于实现社会公平和提高流域水资源利用效率。应根据“谁受益、谁补偿；多受益、多补偿”的原则，将流域生态服务价值需求方纳入补偿主体的范畴，明确需求方的补偿责任，通过使用者付费增加流域生态服务价值的补偿资金。一是可以建立流域上、下游区域间的横向转移支付制度，以资源的有偿使用为手段，通过受益地区向提供流域生态服务价值的地区转移部分财政资金，在生态系统服务联系密切的上、下游间建立跨区域的交易关系。二是通过水权交易、排污权交易等市场补偿方式作为补充，让流域生态服务价值受益者对供给者给予补偿，并进一步加入 NGO（non - government organization）参与、环境责任保险等社会补偿模式，真正做到生态环境保护人人有责，实现生态服务价值补偿的全社会参与和资金的社会化。

（4）通过影响流域下游当地居民的心理变量，提高支付意愿与生态保护行为。区域的实质是人，不调动下游居民参与生态服务价值补偿的主动性、发挥微观主体的积极性，流域生态服务价值补偿资金的筹集就很受限制，对上游生态服务价值供给的足额补偿更是难以实现。首先，可通过加强舆论引导，增强下游居民对生态系统重要性的认知，改变下游居民对流域生态服务价值免费消费的“搭便车”心理，提升下游居民生态服务付费的意识；其次，积极开展宣传教育工作，通过相关人物或事迹的影响以增强下游居民保护生态环境的主观规范，使下游居民切实了解对流域上游生态服务价值补偿的支付可有效提高生态环境质量、改善自身生存环境，进而对其支付意愿产生重要的积极影响；最后，树立自然价值与自然资本的理念，自然生态是有价值的，保护自然就是增值自然价值和自然资本的过程，就是保护和发展生产力，让下游居民感觉参与生态保护不仅可以有效提高生态环境质量，还可以获得一定收益，增强其对生态环境保护的收益性感知，有效激励下游居民保护当地流域生态环境。

（5）加强跨区域的协作机制建设，完善相关法律法规。在专门针对流域生态补偿立法的法律法规缺失、上下游间发展经济与保护环境矛盾突出的情况下，应积极探索流域生态服务价值补偿的模式，加强跨区域的协作机制建设，逐步建立在中央政府协调监督下的流域各利益相关方的自愿协商与水资源市场的交易制度，推进上、下游间的跨区域协作机制建设。上、下游区域政府之间应根据自身的自然资源禀赋以及区位优势，建立互惠合作的机制，实现产业转移及功能互补。上、下游政府间采取协商的办法，以生态规划的理念为指导，吸收相关专家与民众的意见，共同订立流域的整体规划。从全流域生态系统的整体出发，在流域生态阈值内统一考虑上、下游之间各产业的合理布局。同时，应尽快出台具有较强针对性的流域生态补偿法律法规，例如，《流域生态补偿法》或《流域生态补偿条例》，明确上、下游区域各相关部门的权责，保障流域上、下游间生态服务价值补偿的具体实施。另外，由于在跨区域的流域生态服务价值补偿过程中，仅仅依靠上、下游地方政府很难实现社会效用最大化，因此中央政府应加强对上、下游跨区域协作的监管，努力推进流域生态服务价值补偿以实现社会效用最大化。

7.2 研究不足与研究展望

本书着眼于基于供给与需求的流域生态服务价值补偿存在的问题，以渭河流域为研究案例，重点分析了流域上游生态服务价值供给的补偿、下游居民真实支付意愿以及流域生态服务价值补偿如何分摊，最终给出相应的对策建议。但由于时间、条件、知识结构等因素的限制，仍存在一些不足和有待进一步研究的问题。

第一，在对流域上游供给的生态服务价值评估中，主要是采用了当前较具代表性的当量因子法、机会成本法与能值分析法对上游生态服务价值供给进行测算，未利用其他方法进行测算。但测算流域生态服务价值的方法还包括条件价值评估法、费用分析法、水资源价值法等方法，每种方法都具有不同的优缺点。由于篇幅的限制，未利用其他方法测算上游供给的生态服务价值，在未来的研究中，可以考虑上述三种方法与其他方法的结合应用，进一步提高评估流域生态服务价值供给结果的准确性。

第二，在对流域生态服务价值需求方支付意愿的测度中，调研对象仅考虑了当前生态服务价值的主要使用者——下游城镇居民与农村居民，缺少对其他利益相关者的关注。在后续的研究中，应增加对其他利益相关者的支付意愿的测度，对比不同补偿主体的支付意愿是否存在差异，以及影响不同补偿主体支付意愿的因素，进而修正或完善流域生态服务价值需求方对享有上游供给的生态服务价值而愿意支付的金额。

第三，流域生态服务价值补偿在各补偿主体间进行分摊的过程中，本书主要基于效用最大化的视角，在兼顾效率与公平的基础上，根据各补偿主体享有的生态服务价值，将流域上游供给的剩余生态服务价值在中央政府、下游地方政府及下游居民间进行分摊，确定各补偿主体对流域生态服务价值的分摊比例。而在补偿分摊过程中，势必会产生各利益相关方的博弈，在未来的研究中，可以进一步分析各利益相关方的博弈行为及对其福利水平以及社会整体福利水平产生的影响，为流域经济与生态环境的协调提供政策指导。

附　录

附录 A　渭河流域下游居民调查问卷

问卷编号：＿＿＿＿＿＿调 研 员：＿＿＿＿＿

调研时间：＿＿＿＿＿＿调研地点：＿＿＿＿＿

您好！渭河流域是当地重要的水源地，其生态环境保护与我们的日常生活和经济发展息息相关。此次调查旨在了解受访者对渭河流域生态环境问题及生态补偿的认识和态度。问卷采用匿名形式，我们对问卷内容严格保密，不会因为问卷的答案而对个人产生任何负面影响，请放心做答；此外，为了能有效地收集数据以作科研使用，请您认真如实填写问卷，谢谢您的参与！

A 部分　受访者的环境认知

（一）对当地环境问题的认知

A1. 您对本地区河流/湖泊等生态环境现状的满意程度如何？

□1. 非常满意　　□2. 满意　　□3. 一般

□4. 不满意　　□5. 很不满意

A2. 您认为附近河流/湖泊等最严重的生态环境问题为？（可多选）

□1. 水土流失严重　　□2. 洪水/干旱等自然灾害频繁

□3. 地下水过度开采造成地面沉陷　　□4. 水资源被污染，水质不好

□5. 附近森林/湿地等资源被破坏　　□6. 动物数量和种类减少

□7. 其他污染或破坏

A3. 您认为附近河流/湖泊等水资源遭到破坏的主要原因是？（可多选）

□1. 周边居民水资源保护意识淡薄　　□2. 河流/湖泊区域生态系统脆弱

□3. 周边居民生活垃圾污染水源　　□4. 农业中的化肥、农药等污染水源

□5. 工业企业排污破坏水源　　□6. 河流上游带来的污染

□7. 其他

A4. 您认为本地区河流/湖泊等生态环境问题对您造成的不良影响程度？

□1. 非常大　□2. 比较大　□3. 一般

□4. 比较小　□5. 非常小

（二）对渭河流域问题的认知

A5. 您是否知道当地属于渭河流域下游区域？

□1. 是　□2. 否

A6. 您对渭河流域环境保护的相关政策、规定（水源涵养、水土流失治理等）了解吗？

□1. 很了解　□2. 了解　□3. 知道一点　□4. 不了解

A7. 您是通过什么渠道了解的？

□1. 政府宣传　□2. 报纸杂志　□3. 广播电视

□4. 亲朋好友等熟人　□5. 网络　□6. 其他

A8. 您认为渭河流域的生态环境治理问题是否急迫？

□1. 非常急迫　□2. 急迫　□3. 一般

□4. 不急迫　□5. 不必改善

A9. 您认为改善渭河流域的生态环境应该由谁负责？（可多选）

□1. 当地污染企业　□2. 当地政府

□3. 当地居民　□4. 当地政府、企业和居民协同

□5. 上游政府、企业和居民协同

□6. 上下游政府、企业和居民协同

□7. 中央政府

A10. 您认为您在多大程度上参与渭河流域的生态建设？

□1. 非常小　□2. 比较小　□3. 一般

□4. 比较大　□5. 非常大

B部分　受访者的支付意愿

B1. 渭河流域的各种生态要素的保护与建设离不开当地居民的支持，为改善渭河水质，保证您所在社区/村庄享用到清洁水源，需要对上游保护水源及周边环境、限制工业和农业发展的行为进行补偿。假如您的补偿可以激励上游保护水源与水生态环境，使您的用水质量提高（当前我们的饮用水为Ⅲ类或

Ⅳ类水，您的补偿可使水质提高到Ⅱ类水，即达到可直接饮用的水平）、停水时间变少（在用水高峰也不会停水）、流域周边环境变好（可作为娱乐、游憩的场所），那么，您是否愿意为保护渭河流域生态环境支付一定的费用？

□1. 愿意　（跳至2）　　　□2. 不愿意　（跳至7）

B2. 如果每个月让您支付6元，您是否愿意？

□1. 是（跳至3）　　　□2. 否　（跳至4）

B3. 如果每个月让您支付8元，您是否愿意？（跳至5）

□1. 是　　　□2. 否

B4. 如果每个月让您支付4元，您是否愿意？（跳至5）

□1. 是　　　□2. 否

B5. 您至多愿意每月支付补偿________元？（请写明具体金额）

B6. 您愿意支付的原因是？（可多选）

□1. 水资源与自己生活息息相关

□2. 义务体现，保护生态环境，人人有责

□3. 把良好的生存环境留给子孙后代　　□4. 其他

B7. 您不愿意支付的原因是？（可多选）

□1. 收入水平低，家庭负担重，无能力支付

□2. 水生态环境破坏属于公共服务，应由政府负责保护、建设、治理

□3. 水生态环境破坏由开发企业导致，应该由责任者承担

□4. 担心支付不能改善渭河流域环境恶化问题

□5. 不打算在此长期居住下去

□6. 其他

C部分　受访者的选择方案

渭河流域生态系统包含动物、水资源、土壤等要素，各种保护政策也是针对这些因素设定的，它们的状态（维持生态补偿实施前的现状，还是实施后的持续改善）与当地居民的行为活动息息相关。现在，我们设计多种方案——让不同的要素处于不同的状态，“现状”意味着您不必为该要素的保护与建设付出努力和牺牲，“持续改善”意味着您必须为该要素的保护与建设付出努力和牺牲，支付金额是指您每月为改善渭河流域水生态环境支付的金额。请您综合考虑每个选择集中的三个方案，选择出您喜欢的政策或行为安排。

C1. 您认为保护与建设生态环境要素的重要性如何？（每一个都要答）

方案属性	非常重要	重要	一般	不重要	不清楚
水质					
河流的面积/水量					
水土流失情况					
动物种类、数量					
支付金额					

C2. 请在A、B、C三个方案中选择您最喜欢的。（三个选择集有区别，都要选）

方案属性	方案A（现状）	方案B	方案C
水质	维持现状	现状	持续改善
河流的面积/水量		现状	现状
水土流失情况		持续改善	现状
动物种类、数量		持续改善	现状
支付金额		15	6
我选择A □　我选择B □　我选择C□			

C3. 同上。

方案属性	方案A（现状）	方案B	方案C
水质	维持现状	现状	持续改善
河流的面积/水量		现状	现状
水土流失情况		持续改善	现状
动物种类、数量		持续改善	现状
支付金额		2	2
我选择A □　我选择B □　我选择C□			

C4. 同上。

方案属性	方案 A（现状）	方案 B	方案 C
水质	维持现状	现状	持续改善
河流的面积/水量		现状	持续改善
水土流失情况		持续改善	持续改善
动物种类、数量		持续改善	现状
支付金额		10	0
我选择 A □	我选择 B □	我选择 C□	

C5. 您在进行选择时是否重视以下因素？（每一个都要答）

方案属性	总是重视	偶尔重视	从不重视
水质			
河流的面积/水量			
水土流失情况			
动物种类、数量			
支付金额			

D 部分　受访者的社会经济信息

D1. 您的性别：□男　　　　□女

D2. 您的年龄：______岁

D3. 您的受教育程度：

□1. 小学及以下　□2. 初中　□3. 高中/中专

□4. 大专　　　　□5. 本科　□6. 硕士及以上

D4. 您的职业：

□1. 国家机关、企事业单位人员　□2. 普通工人

□3. 商人　　　　□4. 打工者　　□5. 农民

□6. 无职人员（无业、离退休、学生）　□7. 其他________

D5. 您在该小区/村子生活了________年

D6. 您的家庭人口数____人，其中 18 岁以上____人，受过大学本科教育

及以上_____人

D7. 您的月收入______您的家庭月收入大约是多少?

□1. 2000 元以下　□2. 2000 ~ 4000 元

□3. 4000 ~ 6000 元　□4. 6000 ~ 10000 元

□5. 10000 ~ 15000 元　□6. 15000 ~ 20000 元　□7. 20000 元及以上

附录 B　CE 属性水平的图片解释

方案属性	现状	持续改善
水质		
河流的面积/水量		
水土流失情况		
动物的种类/数量		

附录 C　渭河流域生态服务价值补偿分摊专家调查问卷

尊敬的专家：

您好！随着我国社会经济的高速发展，水资源过度开发、水环境污染、水资源短缺等问题频发，水生态环境问题愈发受到重视。为保护水生态环境和实现人水和谐，课题小组正在对渭河流域生态服务价值补偿进行研究，需要对流域生态服务价值在各补偿主体间进行分摊。为科学、合理地确定各补偿主体的补偿分摊比例，现请您对下述各指标进行评分。

对耽误您的时间和带来的不便表示抱歉，非常感谢您的选择及意见！

姓名：__________　工作单位：__________________________

一、渭河流域各类生态服务价值重要性

填表说明：请您根据两两比较的等级划分对渭河流域上游保护生态环境产生的供给服务价值、调节服务价值、支持服务价值、文化服务价值以及各类价值内部的子价值的重要程度进行打分，分数越高，表明该指标在该层的重要程度越高。

"1～9"标度及含义

标度	含义
1	两个指标相比，具有同等重要性
3	两个指标相比，一个指标比另一个指标稍微重要
5	两个指标相比，一个指标比另一个指标明显重要
7	两个指标相比，一个指标比另一个指标非常重要
9	两个指标相比，一个指标比另一个指标极端重要
2、4、6、8	上述两相邻判断的中间值
倒数	若指标 i 与指标 j 的重要性之比为 a_{ij}，则指标 j 与指标 i 的重要性之比为 $1/a_{ij}$

（一）准则层

	供给服务价值	调节服务价值	支持服务价值	文化服务价值
供给服务价值	1			
调节服务价值		1		
支持服务价值			1	
文化服务价值				1

（二）指标层

1. 供给服务价值

	水产品价值	水资源供给价值	水力发电价值
水产品价值	1		
水资源供给价值		1	
水力发电价值			1

2. 调节服务价值

	气候调节价值	水源涵养价值	环境净化价值	洪水调蓄价值
气候调节价值	1			
水源涵养价值		1		
环境净化价值			1	
洪水调蓄价值				1

3. 支持服务价值

	土壤保持价值	生物多样性保护价值
土壤保持价值	1	
生物多样性保护价值		1

4. 文化服务价值

	休闲娱乐价值	文化科研价值
休闲娱乐价值	1	
文化科研价值		1

二、渭河流域生态服务价值补偿的分摊

填表说明：请你根据您判断的该主体的受益程度大小对受益主体进行排序，在排序对应处打“√”。

（一）供给服务价值

1. 水产品价值排序

补偿主体	1	2	3
中央政府			
下游地方政府			
下游居民			

2. 水资源供给价值排序

补偿主体	1	2	3
中央政府			
下游地方政府			
下游居民			

3. 水力发电价值排序

补偿主体	1	2	3
中央政府			
下游地方政府			
下游居民			

（二）调节服务价值

1. 气候调节价值排序

补偿主体	1	2	3
中央政府			
下游地方政府			
下游居民			

2. 水源涵养价值排序

补偿主体	1	2	3
中央政府			
下游地方政府			
下游居民			

3. 环境净化价值排序

补偿主体	1	2	3
中央政府			
下游地方政府			
下游居民			

4. 洪水调蓄价值排序

补偿主体	1	2	3
中央政府			
下游地方政府			
下游居民			

（三）支持服务价值

1. 土壤保持价值排序

补偿主体	1	2	3
中央政府			
下游地方政府			
下游居民			

2. 生物多样性保护价值排序

补偿主体	1	2	3
中央政府			
下游地方政府			
下游居民			

（四）文化服务价值

1. 休闲娱乐价值排序

补偿主体	1	2	3
中央政府			
下游地方政府			
下游居民			

2. 文化科研价值排序

补偿主体	1	2	3
中央政府			
下游地方政府			
下游居民			

参考文献

［1］白景峰．跨流域调水水源地生态补偿测算与分配研究——以南水北调中线河南水源区为例［J］．经济地理，2010，30（4）：657－661，687.

［2］薄玉洁，葛颜祥，李彩红．水源地生态保护中发展权损失补偿研究［J］．水利经济，2011，29（3）：38－52.

［3］陈东景，徐中民，程国栋．恢复额济纳旗生态环境的支付意愿研究［J］．兰州大学学报（自然科学版），2003，39（3）：69－72.

［4］蔡剑辉．西方环境价值理论的研究进展——森林环境价值评估的理论与方法研究（1）［J］．林业经济问题，2003，23（4）：191－199.

［5］陈俊旭，张士锋，华东，等．基于水足迹核算的北京市水资源保障研究［J］．资源科学，2010，32（3）：528－534.

［6］常亮，徐大伟，侯铁珊，等．流域生态补偿中的水资源准市场交易机制研究［J］．工业技术经济，2012，230（12）：52－59.

［7］曹莉萍，周冯琦．我国生态公平理论研究动态与展望［J］．经济学家，2016（8）：95－104.

［8］曹明德．对建立生态补偿法律机制的再思考［J］．中国地质大学学报（社会科学版），2010，10（5）：28－35.

［9］陈能汪，李焕承，王莉红．生态系统服务内涵、价值评估与 GIS 表达［J］．生态环境学报，2009，18（5）：1987－1994.

［10］蔡楠，杨扬，方建德，等．基于层次分析法的城市河流生态修复评估［J］．长江流域资源与环境，2010，19（9）：1092－1098.

［11］程启月．评测指标权重确定的结构熵权法［J］．系统工程理论与实践，2010，30（7）：1125－1228.

［12］曹世雄，陈莉，余新晓．陕北农民对退耕还林的意愿评价［J］．应用生态学报，2009，20（2）：434－436.

[13] 陈湘满. 论流域开发管理中的区域利益协调 [J]. 经济地理, 2002, 22 (5): 525-529.

[14] 陈叶烽, 叶航, 汪丁丁. 信任水平的测度及其对合作的影响——来自一组实验微观数据的证据 [J]. 管理世界, 2010 (4): 54-64.

[15] 戴尔阜, 王晓莉, 朱建佳, 等. 生态系统服务权衡: 方法、模型与研究框架 [J]. 地理研究, 2016, 35 (6): 1005-1016.

[16] 段锦, 康慕谊, 江源. 东江流域生态系统服务价值变化研究 [J]. 自然资源学报, 2012, 27 (1): 90-103.

[17] 段靖, 严岩, 王丹寅, 等. 流域生态补偿标准中成本核算的原理分析与方法改进 [J]. 生态学报, 2010, 30 (1): 221-227.

[18] 代明, 刘燕妮, 陈罗俊. 基于主体功能区划和机会成本的生态补偿标准分析 [J]. 自然资源学报, 2013, 28 (8): 1310-1317.

[19] 董全. 生态功益: 自然生态过程对人类的贡献 [J]. 应用生态学报, 1999, 10 (2): 233-240.

[20] 丁四保, 王昱. 区域生态补偿的基础理论与实践问题研究 [M]. 北京: 科学出版社, 2010.

[21] 董晓佳. 定西市农业生态经济系统能值分析 [D]. 兰州: 甘肃农业大学, 2014.

[22] 杜晓芹, 王芳, 赵卉卉, 等. 基于 CVM 的武进港水环境综合整治工程环境价值支付/受偿意愿评估 [J]. 长江流域资源与环境, 2014, 23 (4): 449-455.

[23] 董战峰, 郝春旭, 李红祥, 等. 2016 年全球环境绩效指数报告分析 [J]. 环境保护, 2016, 44 (20): 52-57.

[24] 董战峰, 林健枝, 陈永勤. 论东江流域生态补偿机制建设 [J]. 环境保护, 2012, 2: 43-45.

[25] 冯慧娟, 罗宏, 吕连宏. 流域环境经济学: 一个新的学科增长点 [J]. 中国人口·资源与环境, 2010, 20 (3): 242-244.

[26] 樊辉, 赵敏娟, 史恒通. 选择实验法视角的生态补偿意愿差异研究——以石羊河为例 [J]. 干旱区资源与环境, 2016, 30 (10): 65-69.

[27] 弗里德克·冯·维塞尔. 自然价值 [M]. 北京: 商务印书馆, 1982.

[28] 伏润民，缪小林．中国生态功能区财政转移支付制度体系重构——基于拓展的能值模型衡量的生态外溢价值 [J]．经济研究，2015 (3)：47-61.

[29] 付意成，高婷，闫丽娟，等．基于能值分析的永定河流域农业生态补偿标准 [J]．农业工程学报，2013，29 (1)：209-217.

[30] 耿健．我国人均水资源量仅为世界人均的1/4 [EB/OL]．(2015-03-05)．新华网．http：//news. xinhuanet. com/ energy/2015-03/05/c_127547539. htm.

[31] 格里高利·曼昆．经济学原理 [M]．北京：生活·读书·新知三联书店，1999.

[32] 高群．论三个效益与经济、社会、环境协调发展 [J]．中国环境管理，1988 (6)：7-9，30.

[33] 郭荣中，申海建，杨敏华．澧水流域生态系统服务价值与生态补偿策略 [J]．环境科学研究，2016，29 (5)：774-782.

[34] 耿勇，戚瑞，张攀．基于水足迹的流域生态补偿标准模型研究 [J]．中国人口·资源与环境，2009，19 (6)：11-16.

[35] 葛颜祥，王蓓蓓，王燕．水源地生态补偿模式及其适用性分析 [J]．山东农业大学学报（社会科学版），2012，49 (2)：1-6.

[36] 郭志仪，杨皓然．基于结构熵权—模糊推理法的区域生态经济发展度研究——以青海省为例 [J]．经济问题，2011 (8)：126-129.

[37] 胡鞍钢．国情与发展 [M]．北京：清华大学出版社，2005.

[38] 胡珺，李春晖，贾俊香，等．基于结构熵权的黄河上游水资源脆弱性模糊综合评价 [J]．水资源与水工程学报，2012，23 (6)：17-22.

[39] 胡瑞法，冷艳．中国主要粮食作物的投入与产出研究 [J]．农业技术经济，2006 (3)：2-8.

[40] 黄润，王升堂，倪建华，等．皖西大别山五大水库生态系统服务功能价值评估 [J]．地理科学，2014，34 (10)：1270-1274.

[41] 黄锡生，峥嵘．论跨界河流生态受益者补偿原则 [J]．长江流域资源环境，2012，21 (11)：1042-1048.

[42] 胡熠，梨元生．论流域区际生态保护补偿机制的构建 [J]．福建师范大学学报，2006 (6)：53-58.

[43] 黄有光，唐翔．社会福祉与经济政策 [M]．北京：北京大学出版社，2005.

[44] 黄有光，张定胜．高级微观经济学［M］．上海：格致出版社，2008.

[45] 侯元兆，王琦．中国森林资源核算研究［J］．世界林业研究，1995（3）：51－56.

[46] 胡振华．对环境资源价值评价的判断［J］．经济管理，2004（17）：31－33.

[47] 金波．区域生态补偿机制中的区域分工模式研究［J］．工业技术经济，2011（7）：108－114.

[48] 江波，陈媛媛，肖洋，等．白洋淀湿地生态系统最终服务价值评估［J］．生态学报，2017（8）：1－9.

[49] 江波，欧阳志云，苗鸿，等．海河流域湿地生态系统服务功能价值评估［J］．生态学报，2011，31（8）：2236－2244.

[50] 姜翠红，李广泳，程滔，等．青海湖流域生态服务价值时空格局辩护及其影响因子研究［J］．资源科学，2016，38（8）：1572－1584.

[51] 孔凡斌．江河源头水源涵养生态功能区生态补偿机制研究——以江西东江源区为例［J］．经济地理，2010，30（2）：299－305.

[52] 科斯，盛洪，陈郁．企业，市场与法律［M］．上海：三联书店上海分店，1990.

[53] 龙爱华，徐中民，张志强，等．甘肃省2000年水资源足迹的初步估算［J］．资源科学，2005，27（3）：123－129.

[54] 刘春腊，刘卫东，徐美．基于生态价值当量的中国省域生态补偿额度研究［J］．资源科学，2014，36（1）：148－155.

[55] 李国平，李潇，萧代基．生态补偿的理论标准与测算方法探讨［J］．经济学家，2013（2）：42－49.

[56] 李怀恩，肖燕，党志良．水资源保护的发展机会损失评价［J］．西北大学学报（自然科学版），2010，40（2）：339－342.

[57] 李惠梅，张雄，张俊峰，等．自然资源保护对参与者多维福祉的影响——以黄河源头玛多牧民为例［J］．生态学报，2014，34（22）：6767－6777.

[58] 李健，钟惠波，徐辉．多元小集体共同治理：流域生态治理的经济逻辑［J］．中国人口·资源与环境，2012，22（12）：26－31.

[59] 李金昌．生态价值论［M］．重庆：重庆大学出版社，1995.

[60] 李金昌，钟兆修，高振刚．自然资源核算的理论与方法 [J]．数量经济技术经济研究，1991 (1)：30－35.

[61] 李京梅，陈琦，姚海燕．基于选择实验法的胶州湾湿地围垦生态效益损失评估 [J]．资源科学，2015，37 (1)：68－75.

[62] 龙开胜，刘澄宇．基于生态地租的生态环境补偿方案选择及效应 [J]．生态学报，2015，35 (10)：3464－3471.

[63] 龙开胜，王雨蓉，赵亚莉，等．长三角地区生态补偿利益相关者及其行为响应 [J]．中国人口·资源与环境，2015，25 (8)：43－49.

[64] 李丽锋，惠淑荣，宋红丽，等．盘锦双台河口湿地生态系统服务功能能值价值评价 [J]．中国环境科学，2013，33 (8)：1454－1458.

[65] 梁流涛，曲福田，冯淑怡．农村生态资源的生态服务价值评估及时空特征分析 [J]．中国人口·资源与环境，2011，21 (7)：133－139.

[66] 刘某承，孙雪萍，林惠凤，等．基于生态系统服务消费的京承生态补偿基金构建方式 [J]．资源科学，2015，37 (8)：1536－1542.

[67] 李萍，王伟．生态价值：基于马克思劳动价值论的一个引申分析 [J]．学术月刊，2012，44 (4)：90－95.

[68] 刘强，彭晓春，周丽旋，等．城市饮用水水源地生态补偿标准测算与资金分配研究——以广东省东江流域为例 [J]．生态经济，2012 (1)：33－37.

[69] 李双成，刘金龙，张才玉，等．生态系统服务研究动态及地理学研究范式 [J]．2011，66 (12)：1618－1630.

[70] 刘诗白．市场经济与公共产品 [J]．经济学动态，2007，4 (6)：3－8.

[71] 蓝盛芳，钦佩，陆宏芳．生态经济系统能值分析 [M]．北京，化学工业出版社，2002.

[72] 刘思华．对可持续发展经济的理论思考 [J]．经济研究，1997 (3)：46－54.

[73] 李文华，井村秀文．生态补偿机制课题组报告 [R]．2008.

[74] 李文华，刘某承．关于中国生态补偿机制建设的几点思考 [J]．资源科学，2010，32 (5)：791－796.

[75] 李文华，欧阳志云，赵景柱．生态系统服务功能研究 [M]．北京：气象出版社，2002.

[76] 李想，李闯，王凤友，等．大连中心城区绿地系统生态服务价值时

空分异特征研究［J］. 地理科学，2014，34（3）：302－308.

［77］刘晓荻. 生态系统服务［J］. 环境导报，1998（1）：44－45.

［78］李晓光，苗鸿，郑华，等. 机会成本法在确定生态补偿标准中的应用——以海南中部山区为例［J］. 生态学报，2009，29（9）：4875－4883.

［79］卢现祥. 西方新制度经济学（修订版）［M］. 北京：中国发展出版社，2003.

［80］陆旸. 中国的绿色政策与就业：存在双重红利吗？［J］. 经济研究，2011（7）：42－54.

［81］李琰，李双成，高阳，等. 连接多层次人类福祉的生态系统服务分类框架［J］. 地理学报，2013，68（8）：1038－1047.

［82］李云驹，许建初，潘剑军. 松华坝流域生态补偿标准和效率研究［J］. 资源科学，2011，33（12）：2370－2375.

［83］李扬裕. 浅谈森林生态效益补偿及实施步骤［J］. 林业经济问题，2004，24（6）：369－371.

［84］马爱慧，蔡银莺，张安录. 耕地生态补偿相关利益群体博弈分析与解决路径［J］. 中国人口·资源与环境，2012，22（7）：114－119.

［85］马骏，王薇薇. 基于水足迹的大樟溪流域生态补偿研究［J］. 水利经济，2015，33（3）：28－31.

［86］穆松林. 1982－2014 年内蒙古自治区温带草原生态系统服务价值及其空间分布［J］. 干旱区资源与环境，2016，30（10）：76－81.

［87］马歇尔. 经济学原理［M］. 北京：商务印书馆，1981.

［88］毛显强，钟瑜，张胜. 生态补偿的理论探讨［J］. 中国人口·资源与环境，2002，12（4）：38－41.

［89］马莹. 基于利益相关者视角的政府主导型流域生态补偿制度研究［J］. 经济体制改革，2010（5）：52－56.

［90］马占东，高航，杨俊，等. 基于多元数据融合的南四湖湿地生态系统服务功能价值评估［J］. 资源科学，2014，36（4）：840－847.

［91］聂华. 试论森林生态功能的价值决定［J］. 林业经济，1994（4）：48－52.

［92］欧阳志云，王如松. 生态系统服务功能、生态价值与可持续发展［J］. 世界科技研究与发展，2000，22（5）：45－50.

[93] 欧阳志云，王如松，赵景柱. 生态系统服务功能及其生态经济价值评价 [J]. 应用生态学报，1999，10 (5)：635-640.

[94] 欧阳志云，王效科，苗鸿. 中国陆地生态系统服务功能及其生态经济价值的初步研究 [J]. 生态学报，1999，19 (5)：607-613.

[95] 欧阳志云，赵同谦，王效科，等. 水生态服务功能分析及其间接价值评价 [J]. 生态学报，2004，24 (10)：2091-2099.

[96] 彭开丽. 农地城市流转的社会福利效应——基于效率与公平理论的实证分析 [D]. 武汉：华中农业大学，2008.

[97] 彭开丽，张鹏，张安录. 农地城市流转中不同权利主体的福利均衡分析 [J]. 中国人口·资源与环境，2009，19 (2)：137-142.

[98] 戚瑞，耿涌，朱庆华. 基于水足迹理论的区域水资源利用评价 [J]. 自然资源学报，2011，26 (3)：486-495.

[99] 乔旭宁，杨永菊，杨德刚，等. 流域生态补偿标准的确定——以渭干河流域为例 [J]. 自然资源学报，2012，27 (10)：1666-1676.

[100] 冉圣宏，谈明洪，吕昌河. 基于利益相关者的 LUCC 生态分析研究——以延河流域为例 [J]. 地理科学进展，2010，29 (4)：439-444.

[101] 孙宝娣，崔丽娟，李伟，等. 基于不同受益者的双台河口湿地生态系统主导服务功能 [J]. 生态学杂志，2017，36 (1)：164-171.

[102] 石春娜，姚顺波，陈晓楠，等. 基于选择实验法的城市生态系统服务价值评估——以四川温江为例 [J]. 自然资源学报，2016，31 (5)：767-778.

[103] 孙才志，刘玉玉，陈丽新，张蕾. 基于基尼系数和锡尔指数的中国水足迹强度时空差异变化格局 [J]. 生态学报，2010，30 (5)：1312-1321.

[104] 石广明，王金南，毕军. 基于水质协议的跨界流域生态补偿标准研究 [J]. 环境科学学报，2012，32 (8)：1973-1983.

[105] 史恒通，赵敏娟. 基于选择试验模型的生态系统服务支付意愿差异及全价值评估——以渭河流域为例 [J]. 资源科学，2015，37 (2)：351-359.

[106] 史恒通，赵敏娟. 生态系统服务功能偏好异质性研究——基于渭河流域水资源支付意愿的分析 [J]. 干旱区资源与环境，2016，30 (8)：36-40.

[107] 尚海洋，丁杨，张志强. 补偿标准参照的比较：机会成本与环境收益——以石羊河流域生态补偿为例 [J]. 中国沙漠，2016，36 (3)：830-835.

[108] 宋建波，武春友. 城市化与生态环境协调发展评价研究——以长

江三角洲城市群为例［J］. 中国软科学，2010（2）：78－87.

［109］孙开，孙琳. 流域生态补偿机制的标准设计与转移支付安排——基于资金供给视角的分析［J］. 财贸经济，2015（12）：118－128.

［110］沈满洪. 生态经济学［M］. 北京：中国环境科学出版社，2008.

［111］沈满洪，高登奎. 水源保护补偿机制构建［J］. 经济地理，2009，29（10）：1720－1724.

［112］沈满洪，谢慧明. 公共物品问题及其解决思路——公共物品理论文献综述［J］. 浙江大学学报（人文社会科学版），2009，39（6）：133－144.

［113］沈满洪，杨天. 生态补偿机制的三大理论基石［N］. 中国环境报，2004－3－2.

［114］邵帅. 基于水足迹模型的水资源补偿策略研究［J］. 科技进步与对策，2013，30（14）：116－119.

［115］沈田华. 三峡水库重庆库区生态公益林补偿机制研究［D］. 重庆：西南大学，2013.

［116］宋晓谕，徐中民，祁元，等. 青海湖流域生态补偿空间选择与补偿标准研究［J］. 冰川冻土，2013，35（2）：496－503.

［117］谭术魁，涂姗. 征地冲突中利益相关者的博弈分析——以地方政府与失地农民为例［J］. 中国土地科学，2009，23（11）：27－37.

［118］陶宇. 生态文明视角下矿业企业资源开发利用绩效评价研究——以安棚碱矿为例［D］. 武汉：中国地质大学，2015.

［119］田颖，李冰，王水. 江苏太湖流域生态系统重要性评价［J］. 江苏农业科学，2016，44（5）：454－457.

［120］王爱敏，葛颜祥，耿翔燕. 水源地保护区生态补偿利益相关者行为选择机理分析［J］. 中国农业资源与区划，2015，36（5）：16－22.

［121］王春连，张镱锂，王兆锋，等. 拉萨河流域湿地生态系统服务功能价值变化［J］. 资源科学，2010，32（10）：2038－2044.

［122］魏楚，沈满洪. 基于污染权角度的流域生态补偿模型及应用［J］. 中国人口·资源与环境，2011，21（6）：135－141.

［123］王道平，王煦. 基于AHP/熵值法的钢铁企业绿色供应商选择指标权重研究［J］. 软科学，2010，24（8）：117－122.

［124］万军，张惠远，王金南，等. 中国生态补偿政策评估与框架初探

[J]. 环境科学研究，2005，18（2）：1－8.

[125] 汪劲. 论生态补偿的概念——以《生态补偿条例》草案的立法解释为背景 [J]. 中国地质大学学报（社会科学版），2014，14（1）：1－8.

[126] 王军锋，侯超波. 中国流域生态补偿机制实施框架与补偿模式研究——基于补偿资金来源的视角 [J]. 中国人口·资源与环境，2013，23（2）：23－29.

[127] 王景升，李文华，任青山，等. 西藏森林生态系统服务价值 [J]. 自然资源学报，2007，22（5）：831－841.

[128] 王玲慧，张代青，李凯娟. 河流生态系统服务价值评价综述 [J]. 中国人口·资源与环境，2015，25（5）：10－14.

[129] 武立磊. 生态系统服务功能经济价值评价研究综述 [J]. 林业经济，2007（3）：42－46.

[130] 王品文，陈晓飞，张斌，等. 调水工程生态补偿的分阶段推进战略 [J]. 环境科学与技术，2012，35（7）：90－95.

[131] 吴佩瑛，郑琬方，苏明达. 复槛式决策过程模型之建构：条件评估法中抗议性答复之处理 [J]. 农业与经济（台湾），2004（32）：29－69.

[132] 王如松，林顺坤，欧阳志云. 海南生态省建设的理论与实践 [M]. 北京：化学工业出版社，2004.

[133] 吴珊珊，刘容子，齐连明，等. 渤海海域生态系统服务价值评估 [J]. 中国人口·资源与环境，2008，18（2）：65－69.

[134] 王文美，吴璇，李洪远. 滨海新区生态系统服务功能供需量化研究 [J]. 生态科学，2013，32（3）：379－385.

[135] 王翊. 地区间生态负担差异及补偿分摊方式 [J]. 系统工程，2007，25（5）：72－76.

[136] 王翊，王金玲. 东西部地区之间公益林生态补偿负担与分摊 [J]. 生态经济，2007（3）：53－55.

[137] 肖池伟，刘影，李鹏. 赣江流域生态经济价值与生态补偿研究 [J]. 地域研究与开发，2016，35（3）：133－138.

[138] 萧代基，洪鸿智，黄德秀. 土地使用制度之补偿与报偿制度的理论与实务 [J]. 财税研究，2005，37（3）：22－33.

[139] 许涤新. 实现四化与生态经济学 [J]. 经济研究，1980（11）：

14 - 18.

［140］薛达元，包浩生，李文华．长白山自然保护区森林生态系统间接经济价值评估［J］．中国环境科学，1999，19（3）：247 - 252.

［141］徐大伟，刘春燕，常亮．流域生态补偿意愿的 WTP 与 WTA 差异性研究：基于辽河中游地区居民的 CVM 调查［J］．自然资源学报，2013，28（3）：402 - 409.

［142］徐大伟，郑海霞，刘民权．基于跨区域水质水量指标的流域生态补偿量测算方法研究［J］．中国人口·资源与环境，2008，18（4）：189 - 194.

［143］许尔琪，张红旗．中国核心生态空间的现状、变化及其保护研究［J］．资源科学，2015，37（7）：1322 - 1331.

［144］许凤冉，阮本清，汪党献，等．流域水资源共建共享理念与测算方法［J］．水利学报，2010，41（6）：665 - 670.

［145］谢高地，张彩霞，张昌顺，等．中国生态系统服务的价值［J］．资源科学，2015，37（9）：1740 - 1746.

［146］谢高地，张彩霞，张雷明，等．基于单位面积价值当量因子的生态系统服务价值化方法改进［J］．自然资源学报，2015，30（8）：1243 - 1254.

［147］谢高地，甄霖，鲁春霞，等．生态系统服务的供给、消费和价值化［J］．资源科学，2008，30（1）：93 - 99.

［148］谢高地，甄霖，鲁春霞，等．一个基于专家知识的生态系统服务价值化方法［J］．自然资源学报，2008，23（5）：911 - 919.

［149］谢高地，张钇锂，鲁春霞，等．中国自然草地生态系统服务价值［J］．自然资源学报，2001，16（1）：47 - 53.

［150］谢慧明．生态经济化制度研究［D］．杭州：浙江大学，2012

［151］席宏正，康文星．洞庭湖湿地资源能值—货币价值评价与分析［J］．水利经济，2008，26（6）：37 - 40，44.

［152］徐丽芬，许学工，罗涛，等．基于土地利用的生态系统服务价值当量修订方法——以渤海湾沿岸为例［J］．地理研究，2012，31（10）：1775 - 1784.

［153］谢利玉．浅论公益林生态效益补偿问题［J］．世界林业研究，2000，13（3）：70 - 76.

［154］徐嵩龄．生物多样性价值的经济学处理：一些理论障碍及其克服［J］．生物多样性，2001，9（3）：310 - 318.

[155] 肖玉，谢高地，鲁春霞，等．基于供需关系的生态系统服务空间流动研究进展 [J]．生态学报，2016，36 (10)：3096 - 3102.

[156] 徐中民，张志强，龙爱华，等．环境选择模型在生态系统管理中的应用——以黑河流域额济纳旗为例 [J]．地理学报，2003，58 (3)：398 - 405.

[157] 杨灿，朱玉林，李明杰．洞庭湖平原区农业生态系统的能值分析与可持续发展 [J]．经济地理，2014，34 (12)：161 - 166.

[158] 易定宏，文礼章，肖强，等．基于能值理论的贵州省生态经济系统分析 [J]．生态学报，2010，30 (20)：5635 - 5645.

[159] 于富昌，葛颜祥，李伟长．水源地生态补偿各主体博弈及其行为选择 [J]．林业经济，2013，(2)：86 - 90.

[160] 俞海，任勇．流域生态补偿机制的关键问题分析——以南水北调中线水源涵养区为例 [J]．资源科学，2007，29 (2)：28 - 33.

[161] 杨怀宇，李晟，杨正勇．池塘养殖生态系统服务价值评估——以上海市青浦区常规鱼类养殖为例 [J]．资源科学，2011，33 (3)：575 - 581.

[162] 杨莉，甄霖，潘影，等．生态系统服务供给—消费研究：黄河流域案例 [J]．干旱区资源与环境，2012，26 (3)：131 - 138.

[163] 杨正勇，张新铮，杨怀宇．基于生态系统服务价值的池塘养殖生态补偿正常研究——以上海地区为例 [J]．生态经济，2015，31 (3)：151 - 156.

[164] 张彪，谢高地，肖玉，等．基于人类需求的生态系统服务分类 [J]．中国人口·资源与环境，2010，20 (6)：64 - 67.

[165] 张炳江．层次分析法及其应用案例 [M]．北京：电子工业出版社，2014.

[166] 周晨，丁晓辉，李国平，等．南水北调中线工程水源区生态补偿标准研究——以生态系统服务价值为视角 [J]．资源科学，2015，37 (4)：792 - 804.

[167] 周晨，李国平．农户生态服务供给的受偿意愿及影响因素研究——基于陕南水源区 406 农户的调查 [J]．经济科学，2015，(5)：107 - 117.

[168] 张彩霞，谢高地，杨勤科，等．人类活动对生态系统服务价值的影响——以纸坊沟流域为例 [J]．资源科学，2008，30 (12)：1910 - 1915.

[169] 周德成，罗格平，许文强，等．1960 - 2008 年阿克苏河流域生态系统服务价值动态 [J]．应用生态学报，2010，21 (2)：399 - 408.

[170] 郑德凤，臧正，孙才志．改进的生态系统服务价值模型及其在生

态经济评价中的应用［J］. 资源科学，2014，36（3）：584－593.

［171］张大鹏，粟晓玲，马孝义，等. 基于CVM的石羊河流域生态系统修复价值评估［J］. 中国水土保持，2009（8）：39－42.

［172］中国工程院，环境保护部. 中国环境宏观战略研究［M］. 北京：中国环境科学出版社，2011.

［173］朱桂香. 国外流域生态补偿的实践模式及对我国的启示［J］. 中州学刊，2008（5）：69－71.

［174］张虹，黄民生，胡晓辉. 基于能值分析的福建省绿色GDP核算［J］. 地理学报，2010，65（11）：1421－1428.

［175］郑华，李屹峰，欧阳志云，等. 生态系统服务功能管理研究进展［J］. 生态学报，2013，33（3）：702－710.

［176］朱海彬，任晓冬. 基于利益相关者共生的跨界流域综合管理研究——以赤水河流域为例［J］. 人民长江，2015，46（12）：15－20.

［177］赵海凤，徐明. 生态系统服务价值计量方法与应用［M］. 北京：中国林业出版社，2016.

［178］赵海兰. 生态系统服务分类与价值评估研究进展［J］. 生态经济，2015，31（8）：27－33.

［179］郑海霞. 关于流域生态补偿机制与模式研究［J］. 云南师范大学报，2010，42（5）：54－60.

［180］郑海霞，张陆彪，张耀军. 金华江流域生态服务补偿的利益相关者分析［J］. 安徽农业科学，2009，37（25）：12111－12115.

［181］张金泉. 生态补偿机制与区域协调发展［J］. 兰州大学学报（社会科学版），2007，35（3）：115－119.

［182］仲俊涛，米文宝. 基于生态系统服务价值的宁夏区域生态补偿研究［J］. 干旱区资源与环境，2013，27（10）：19－24.

［183］张落成，李青，武清华. 天目湖流域生态补偿标准核算探讨［J］. 自然资源学报，2011，26（3）：412－418.

［184］赵景柱，徐亚骏，肖寒等. 基于可持续发展综合国力的生态系统服务评价研究——13个国家生态系统服务价值的测算［J］. 系统工程理论与实践，2003（1）：121－127.

［185］张蕾. 中国退耕还林政策成本效益分析［M］. 北京：经济科学出

版社，2008.

[186] 甄霖，刘雪林，李芬，等. 脆弱生态区生态系统服务消费与生态补偿研究：进展与挑战 [J]. 资源科学，2010，32 (5)：797-803.

[187] 卓玛措，冯起，司建华. 青海生态经济系统的能值分析与可持续发展对策 [J]. 经济地理，2008，28 (2)：308-312，333.

[188] 张苏林. 渭河中上游流域综合治理是宝鸡、天水共建生态屏障的重点工程 [R]. 宝天论坛论集，2013.

[189] 郑伟，石洪华，陈尚，等. 从福利经济学的角度看生态系统服务功能 [J]. 生态经济，2006 (6)：78-81.

[190] 张小平，何伟，方婷. 湟水谷地农业生态经济系统的能值分析——以西宁市为例 [J]. 干旱区地理，2011，34 (2)：344-354.

[191] 郑晓，郑垂勇，冯云飞. 基于生态文明的流域治理模式与路径研究 [J]. 南京社会科学，2014 (4)：75-79.

[192] 张翼飞，赵敏. 意愿价值法评估生态服务价值的有效性与可靠性及实例设计研究 [J]. 地球科学进展，2007，22 (11)：1141-1149.

[193] 赵志刚，余德，韩成云，等. 2008-2016年鄱阳湖生态经济区生态系统服务价值的时空变化研究 [J]. 长江流域资源与环境，2017，26 (2)：198-208.

[194] 张志强，程莉，尚海洋，等. 流域生态系统补偿机制研究进展 [J]. 生态学报，2012，32 (20)：6543-6552.

[195] 张志强，徐中民，程国栋. 生态系统服务与自然资本价值评估 [J]. 生态学报，2001，21 (11)：1918-1926.

[196] 张志强，徐中民，程国栋. 条件价值评估法的发展与应用 [J]. 地理科学进展，2003，18 (3)：454-463.

[197] 张志强，徐中民，龙爱华，等. 黑河流域张掖市生态系统服务恢复价值评估研究——连续性和离散型条件价值评估方法的比较应用 [J]. 自然资源学报，2004，19 (2)：230-239.

[198] 臧正，邹欣庆. 基于生态系统服务理论的生态福祉内涵表征与评价 [J]. 应用生态学报，2016，27 (4)：1085-1094.

[199] Anton C, Young J, Harrison P A, et al. Research Needs for Incorporating the Ecosystem Service Approach into EU Biodiversity Conservation Policy [J]. *Biodiversity and Conservation*, 2010, 19 (10): 2979-2994.

[200] Arthur C P. *The Economics of Welfare* [M]. London: Macmillan, 1920.

[201] Agimass F, Mekonnen A. Low – income Fishermen's Willingness-to-pay for Fisheries and Watershed Management: An Application of Choice Experiment to Lake Tana, Ethiopia [J]. *Ecological Economics*, 2011 (71): 162 – 170.

[202] Adrienne G R, Susanne K. Integrating the Valuation of Ecosystem Services into the Input – output Economics of an Alpine Region [J]. *Ecological Economics*, 2007, 63 (4): 786 – 798.

[203] Ansoff H I. *Corporate Strategy: An Analytic Approach to Business Policy For Growth and Expansion* [M]. New York: McGraw Hill, 1965.

[204] Allan J A. Virtual Water: A Long Term Solution for Water Short Middle Eastern Economies [D]. University of Leeds, London, 1997.

[205] Alem M, Worku T, Zebene A. Economic Values of Irrigation Water in Wondo Genet District, Ethiopia: An Application of Contingent Valuation Method [J]. *Journal of Economics and Sustainable Development*, 2013, 4 (2): 23 – 36.

[206] Burkhard B, Kroll F, Nedkov S, et al. Mapping Ecosystem Service Supply, Demand and Budgets [J]. *Ecological Indicators*, 2012, 21: 17 – 29.

[207] Bryan B A, Grandgirard A, Ward J R. Quantifying and Exploring Strategic Regional Prioritiesfor Managing Natural Capital and Ecosystem Services Given Multiple Stakeholder Perspectives [J]. *Ecosystems*, 2010, 13 (4): 539 – 555.

[208] Bhat C R. Quasi – random Maximum Simulated Likelihood Estimation of the Mixed Multinomial Logit Model [J]. *Transportation Research*, 2001, 35 (7): 677 – 693.

[209] Bennett D E, Gosnell H, Lurie S, et al. Utility Engagement with Payments for Watershed Services in the Unithed States [J]. *Ecosystem Services*, 2014 (8): 56 – 64.

[210] Birol E, Karousakis K, Koundouri P. Using a Choice Experiment to Account for Preference Heterogeneity in Wetland Attributes: The Case of Cheimaditida Wetland in Greece [J]. *Ecological Economics*, 2006, 60 (1): 145 – 156.

[211] Bekele E G, Nicklow J W. Multiobjective Management of Ecosystem Services by Integrative Watershed Modeling and Evolutionary Algorithms [J]. *Water Resources Research*, 2005, 41 (10): 3092 – 3100.

[212] Bateman I J, Burgess D, Hutchinson W G, et al. Learning Design Contingent Valuation (LDCV): NOAA Guidelines, Preference Learning and Coherent Arbitrariness [J]. *Journal of Environmental Economics and Management*, 2008, 55 (2): 127 - 141.

[213] Bateman I J, Carson R T, Day B, et al. *Economic Valuation with Stated Preference Techniques: A Manual* [M]. Northampton, MA, USA; Cheltenham, UK: Edward Elgar, 2002.

[214] Bateman I J, Langford I H, Turner R K, et al. Elicitation and Truncation Effectts in Contingent Valuation Studies [J]. *Ecological Economics*, 1995, 12 (2): 161 - 179.

[215] Bateman I J, Mace G M, Fezzi C, et al. Economic Analysis for Ecosystem Service Assessments [J]. *Environmental and Resource Economics*, 2011, 48 (2): 177 - 218.

[216] Bateman I J, Turner R K. Valuation of the Environment, Methods and Techniques: The Contingent Valuation Method [J]. //Sustainable Environmental Economics and Management: Priciples and Practice. London: Belhaven Press, 1993.

[217] Bishop J. Pro - poor Markets for Environmental Services: A New Source of Finance for Sustainable Development? [R]. The World Summit on Sustainable Development, Johannesburg: 2002.

[218] Boyd J, Banzhaf S. What are Ecosystem Services? The Need for Standardized Environmental Accounting Units [J]. *Ecological Economics*, 2007 (63): 616 - 626.

[219] Buchanan J M. An Economic Theory of Clubs [J]. Economics, 1965, 32 (2): 1 - 14.

[220] Brown M T, Buranakarn V. Emergy Indices and Ratios for Sustainable Material Cycles and Recycle Options Resources [J]. *Conservation and Recycling*, 2003 (38): 1 - 22.

[221] Bockstael N E, Freeman A M, Kopp R J, et al. On Measuring Economic Values for Nature [J]. *Environmental Science & Technology*, 2000, 34 (8): 1384 - 1389.

[222] Beukering P J H V, Cesar H S J, Janssen M A. Economic Valuation of the Leuser National Park on Sumatra, Indonesia [J]. *Ecological Economics*, 2003,

44 (1): 43 -62.

[223] Brouwer R, Akter S, Brander L, et al. Economic Valuation of Flood Risk Exposure and Reduction in a Severely Flood Prone Developing Country [J]. *Environment and Development Economics*, 2009, 14 (3): 397 -417.

[224] Brown T C, Bergstrom J C, Loomis J B. Defining, Valuing, and Providing Ecosystem Goods and Services [J]. *Natural Resources Journal*, 2007, 47 (2): 329 -376.

[225] Castro A J, Vaughn C C, Garcia - Llorente M, et al. Willingness to Pay for Ecosystem Services among Stakeholder Groups in a South Central U. S. Watershed with Regional Conflict [J]. *Journal of Water Resources Planning& Management*, 2016, 142 (9): 1 -8.

[226] Camacho D C. Payment Schemes for Environmental Services in Watersheds in Ecuador [J]. *Investigacioón Agraria Sistemas Y Recursos Forestales*, 2008, 17 (1): 54 -66.

[227] Carig E T, Garig J G, Vallesteros A P. Assessment of Willingness to Pay as a Source of Financing for the Sustainable Development of Barobbob Watershed in Nueva Vizcaya, Philippines [J]. *Journal of Geoscience & Environment Protection*, 2016, 4 (3): 38 -45.

[228] Cairns J. Ecosystem Services: An Essential Component of Sustainable Use [J]. *Environmental Health Perspectives*, 1995, 103 (6): 534 -535.

[229] Cong L, Hua Z, Shu Z L, et al. Impacts of Conservation and Human Development Policy across Stakeholders and Scales [J]. *Proceedings of the National Academy of Sciences*, 2015, 112 (24): 7396 -7401.

[230] Costanza R. Social Goals and the Valuation of Ecosystem Services [J]. *Ecosystems*, 2000, 3 (1): 3 -10.

[231] Costanza R, D'Arge R, Groot P D, et al. The Value of the Worldvs Ecosystem Services and Natural Capital [J]. *Nature*, 1997, 387 (15): 253 -260.

[232] Costanza R, De Groot R, Sutton P, et al. Changes in the Global Value of Ecosystem Services [J]. *Global Environmental Change*, 2014 (26): 152 -158.

[233] Daily G. What are Ecosystem Services? [C] //Daily G. Nature's Service: Societal Dependence on Natural Ecosystem. Washington D C: Island

Press, 1997.

[234] De Groot R, Alkemade R, Braat L, et al. Challenges in Integrating the Concept of Ecosystem Services and Values in Landscape Planning, Management and Decision Making [J]. *Ecological Complexity*, 2010, 7 (3): 260 - 272.

[235] De Groot R, Wilson M, Boumans R. A Typology for the Description, Classification and Valuation of Ecosystem Functions, Goods and Services [J]. *Ecological Economics*, 2002, 41 (3): 393 - 408.

[236] Davis R K. Recreation Planning as an Economic Problem [J]. *Natural Resources Journal*, 1963, 3 (2): 239 - 249.

[237] Desvousges W H, Smith V K, McGivney M P. A Comparison of Alternative Approaches for Estimating Recreation and Related Benefits of Water Quality Improvement [R]. Research Triangle Institute, 1983.

[238] Ehrlich P R, Ehrlich A H, Holdren J P. *Ecoscience: Population Resources Environment* [M]. W. H. Freeman & Co, 1977.

[239] Ehrlich P R, Ehrlich A H. *Extiction* [M]. New York: Ballantine, 1981.

[240] Engel S, Pagiola S, Wunder S. Designing Payments for Environmental Services in Theory and Practice: An Overview of the Issue [J]. *Ecological Economics*, 2008, 65 (4): 663 - 674.

[241] Freeman A M. *The Measurement of Environmental and Resources Values: Theory and Methods* [M]. Washing D C: Resource for the Future, 1993.

[242] Fisher B, Turner R K, Morling P. Defining and Classifying Ecosystem Services for Decision Making [J]. *Ecological Economics*, 2009, 68 (3): 643 - 653.

[243] Fisher B, Turner K, Zylstra M, et al. Ecosystem Services and Economic Theory: Integration for Policy-relevant Research [J]. *Ecological Applications*, 2008, 18 (8): 2050 - 2067.

[244] Freeman M A. *The Benefits of Environmental Improvement: Theory and Practice* [M]. Baltimore: The Johns Hopking University Press for Resources for th Future, 1979.

[245] Freeman R E. *Strategic Management: A Stakeholder Approach* [M]. Boston: Pitman, 1984.

[246] Feen R H. Keeping the Balance: Ancient Greek Philosophical Concerns

with Population and Environment [J]. *Population & Environment*, 1996, 17 (6): 447 -458.

[247] Farber S C, Costanza R, Wilson M A. Economic and Ecological Concepts for Valuing Ecosystem Services [J]. *Ecological Economics*, 2002, 41 (3): 375 -392.

[248] Fischel W A. *The Economics of Zoning Laws: A Property Rights Approach to American Land Use Controls* [M]. Baltimore: The Johns Hopkins University Press, 1987.

[249] Garrick D, Siebentritt M A, Aylward B, et al. Water Markets and Freshwater Ecosystem Services: Policy Reform and Implementation in the Columbia and Murray-darling Basins [J]. *Ecological Economics*, 2009, 69 (2): 366 -379.

[250] Garrod G. , Willis K G. *Economic Valuation of the Environment: Methods and Case Studies* [M]. Cheltenham: Edward Elgar Publishing, 1999.

[251] Gowdy J M. The Value of Biodiversity: Markets, Society, and Ecosystems [J]. *Land Economics*, 1997, 73 (1): 25 -41.

[252] Gibbons J M, Nicholson E, Milner G E J, et al. Should Payments for Biodiversity Conservation be Based on Action or Results [J]. *Journal of Applied Ecology*, 2011, 48 (5): 1218 -1226.

[253] Garcia L M, Martin L B, Nunes P, et al. A Choice Experiment Study for Land - use Scenarios in Semi - arid Watershed Environments [J]. *Journal of Environments*, 2012, 87 (12): 219 -230.

[254] Gleick P H. *The World's Water* 2000 - 2001 [M]. Washington, DC: Island Press, 2000.

[255] Greiner R, Stanley O. More than Money for Conservation: Exploring Social Co - benefits from PES Schemes [J]. *Land Use Policy*, 2013, 31: 4 -10.

[256] Hoekstra A Y. Virtual Water Trade: Proceedings of the International Expert Meeting on Virtual Water Trade (No. 12) [C]. IHE, Delft, 2003: 13 -23.

[257] Hoekstra A Y, Chapagain A K. *Globalization of Water: Sharing the Planet's Freshwater Resources* [M]. New Jersey: Blackwell Publishing, 2008.

[258] Hoekstra A Y, Hung P Q. Virtual Water Trade: A Quantification of Virtual Water Flows between Nations in Relation to International Crop Trade (No. 11)

[C]. UNESCO-IHE, Delft, 2002: 53 - 54.

[259] Helliwell D R. Valuation of Wildlife Resources [J]. Regional Studies, 1969, 3 (1): 41 - 47.

[260] Hardin G. The Tragedy of the Commons [J]. *Journal of Natural Resources Policy Research*, 1968, 162 (3): 1243 - 1248.

[261] Holdren J P, Ehrlieh P R. Human Population and the Global Environment: Population Growth, Rising Per Capita Material Consumption, and Disruptive Technologies have Made Civilization a Global Ecological Force [J]. *American Seientist*, 1974, 62 (3): 282 - 292.

[262] Hanley N, Shogren J F, White B. *Introduction to Environmental Economics* [M]. Oxford: Oxford University Press, 2001.

[263] Hawken P. *The Ecology of Commerce a Declaration of Sustainability* [M]. New York: Harper Business, 1993.

[264] Hawken P, Lovins A, Lovins H. *Natural Capitalis* [M]. New York: Little, Brown and Company, 1997.

[265] Hanley N, Milne J. Ethical Beliefs and Behaviour in Contingent Valuation [J]. *Journal of Environmental Planning and Management*, 1996, 39 (2): 255 - 272.

[266] Heather T, Stephen P. *Assessing Multiple Ecosystem Services: An Integrated Tool for the Real World. Natural Capital: Theory and Practice of Mapping Ecosystem Services* [M]. Oxford: Oxford University Press, 2009.

[267] Hanemann W M. Welfare Evaluations in Contingent Valuation Experiments with Discrete Responses Data: Reply [J]. *American Journal of Agricultural Economics*, 1989, 71 (4): 1057 - 1061.

[268] Han X, Xu L Y, Yang Z F. A Revenue Function-based Simulation Model to Calculate Ecological Compensation During a Water Use Dispute in Guanting Reservoir Basin [J]. *Procedia Environmental Sciences*, 2010 (2): 234 - 242.

[269] Jan B, Klaus G, Handian H. Assessing Economic Preferences for Biological Diversity and Ecosystem Services at the Central Sulawesj Rainforest Margin [J]. *Environmental Science and Engineering*, 2007, (10): 179 - 206.

[270] Jauhir H, Zain S M, Mustafa Z, et al. Willingness to Pay for Watershed

Conservation at Hulu Langat, Selangor [J]. *Journal of Applied Sciences*, 2012, 12 (17): 1859 - 1864.

[271] Jordan J L, David A H, Joffre D S. *Stated Choice Methods: Analysis and Applications* [M]. Cambridge: Cambridge University Press, 2000.

[272] Johnston R J, Duke J M. Willingness to Pay for Agricultural Land Preservation and Policy Process Attributes: Does the Method Matter [J]. *American Journal of Agricultural Economics*, 2007, 89: 1098 - 1115.

[273] Kanninen B J. Bias in Discrete Response Contingent Valuation [J]. *Journal of Environmental Economics and Management*, 1995, 28 (1): 114 - 125.

[274] Kroll F, Muller F, Haase D, et al. Rural - urban Gradient Analysis of Ecosystem Services Supply and Demand Dynamics [J]. *Land Use Policy*, 2012, 29 (3): 521 - 535.

[275] Knight F H. Some Fallacies in the Interpretation of Social Cost [J]. *Quarterly Journal of Economics*, 1924 (38): 582 - 606.

[276] Kirsten H, Glenn S. Does Attribute Framing in Discrete Choice Experiments Influence Willingness to Pay? Results from a Discrete Choice Experiment in Screening for Colorectal Cancer [J]. *Value in Health*, 2009, 12 (2): 354 - 363.

[277] Kozak J, Lant C, Shaikh S, et al. The Geography of Ecosystem Service Value: The Case of the Des Plaines and Cache River Wetlands [J]. *Applied Geography*, 2011, 31 (1): 303 - 311.

[278] Krutilla J V. Conservation Reconsidered [J]. *The American Economic Review*, 1967 (57): 777 - 786.

[279] Krutilla J V, Fisher A C. *The Economics of Natural Environments: Studies in the Valuation of Commodity and Amenity Resources* [M]. Washington, DC: Resources for the Future, 1985.

[280] Kataria M, Bateman I, Christensen T, et al. Scenario Realism and Welfare Estimates in Choice Experiments——A Non-Market Valuation Study on the European Water Framework Directive [J]. *Journal of Environmental Management*, 2012, 94 (1): 25 - 33.

[281] Kalacska M, Sanchez - Azofeifa G A, Rivard B, et al. Baseline Assessment for Environmental Services Payments from Satellite Imagery: A Case Study from

Costa Rica and Mexico [J]. *Journal of Environmental Management*, 2008, 88 (2): 348 -359.

[282] Kenneth T. Halton Sequences for Mixed Logit [J/OL]. http: //escholarship. org/uc/item/6zs694tp, 2000 -05 -05.

[283] Kreuter U P, Harris H G, Matlock M D, et al. Change in Ecosystem Service Values in the San Antonio Area, Texas [J]. *Ecological Economics*, 2001, 39 (3): 333 -346.

[284] Leopold A. *A Sandy County Almanac and Sketches from Here and There* [M]. New York: Cambridge University Press, 1949.

[285] Ledyar J. Public Goods: A Survey of Experimental Research [R]. David K. Levine, 1997.

[286] Loomis J B, Richardson R. Economic Values of the U. S. Wilderness System: Research Evidence to Date and Questions for the Future [J]. *International Journal of Wilderness*, 2001, 7 (1): 31 -34.

[287] Lantz V, Boxall P C, Kennedy M, et al. The Valuation of Wetland Conservation in an Urban/Peri Urban Watershed [J]. *Regional Environmental Change*, 2013, 13 (5): 939 -953.

[288] Mcfadden D, Train K. Mixed MNL Models for Discrete Response [J]. *Journal of Applied Econometrics*, 2000, 15 (5): 447 -470.

[289] Macmillan D C, Harley D, Morrison R. Cost - effectiveness Analysis of Woodland Ecosystem Restoration [J]. *Ecological Economics*, 1998, 27 (2): 313 -324.

[290] Millennium Ecosystem Assessment. *Ecosystems and Human Well - Being* [M]. Washington, DC: Island Press, 2005.

[291] Marsh G P. *Man and nature* [M]. New York: Charles Scribner, 1864.

[292] Monarchova J, Gudas M. Contingent Valuation Approach for Estimating the Benefits of Water Quality Improvement in the Baltic States [J]. *Scandinavian Journal of Clinical & Laboratory Investigation*, 2009, 15 (5): 517 -522.

[293] Mills L N, Porras I T. *Silver Bullet or Fool's Gold a Global Review of Markets for Forest Environmental Services and Their Impact on the Poor* [M]. IIED, 2002.

[294] Margaret M B. For Whom Should Corporations be Run: An Economic

Rationale for Stakeholder Management [J]. *Long Range Planning*, 1998, 31 (2): 195 -200.

[295] Muradian R, Corbera E, Pascual U, et al. Reconciling Theory and Practice: An Alternative Conceptual Framework for Understanding Payments for Environmental Services [J]. *Ecological Economics*, 2010, 69 (6): 1202 -1208.

[296] Mitchell R C, Carson R T. *Using Surveys to Value Public Goods: The Contingent Valuation Method* [M]. Washington DC: Resource for the Future: 1989.

[297] Nathalie H, Magali M, Alexis P, et al. The Information Content of the WTP-WTA Gap: An Empirical Analysis among Severely Ill Patients [R]. Working Paper, 2012.

[298] Nancy L J, Maria E B. The Economics of Community Watershed Management: Some Evidence from Nicaragua [J]. *Ecological Economics*, 2004, 49 (1): 57 -71.

[299] Noordwijk M V, Chandler F, Tomich T P. An Introduction to the Conceptual Basis of RLIPES [R]. Bogor, Indonesia: ICRAF Southeast Asia, 2005.

[300] National Oceanic and Atmospheric Administration. Report of the NOAA Panel on Contingent Valuation [J]. *Federal Register*, 1993, 58 (10): 4601 -4614.

[301] Napier T L. Soil and Water Conservation Policy Approaches in North America, Europe, and Australia [J]. *Water Policy*, 2000, 1 (6): 551 -565.

[302] Study of Critical Environmental Problems. *Man's Impact on the Global Environment* [M]. Berlin: Springer-Verlag, 1970.

[303] Sander H A, Haight R G. Estimating the Economic Value of Cultural Ecosystem Services in an Urbanizing Area Using Hedonic Pricing [J]. *Journal of Environment Management*, 2012, 113: 194 -205.

[304] Trudy A C, Michelle D J. Efficient Estimation Methods for "Closed - Ended" Contingent Valuation Surveys [J]. *The Review of Economics and Statistics*, 1987, 69 (2): 269 -276.

[305] UNEP. *Guidelines for Country Study on Biological Diversity* [M]. Oxford: Oxford University Press, 1993.

[306] Vogt W. *Road to Survival* [M]. New York: William Sloan, 1948.

[307] Ostrom E. *Governing the Commons: The Evolution of Institutions for Col-*

lective Action [M]. New York: Cambridge University Press, 1990.

[308] OECD. *The Economic Appraisal of Environmental Protects and Policies; A Practical Guide* [M]. Paris, 1995.

[309] Osborn F. *Our Plundered Planet* [M]. Boston: Little, Brown and Company, 1948.

[310] Odum H T. *Emergy in Ecosystems* [M]. New York: John Wiley & Sons, 1986.

[311] Odum H T. *Environmental Accounting: Emergy and Environmental Decision Making* [M]. New York: John Wiley, 1996.

[312] Olson M. *The Logic of Collective Action* [M]. Harvard: Harvard University Press, 1965.

[313] Ojeda M I, Mayer A S, Solomon B D. Economic Valuation of Environmental Services Sustained by Water Flows in the Yaqui River Delta [J]. *Ecological Economics*, 2008, 65 (1): 155 -166.

[314] Pearce D. Economices, Equity and Sustainable Development [J]. *Futures*, 1988, 20 (6): 598 -605.

[315] Pearce D W. The Economic Value of Biodiversity [J]. *Earthsocan*, 1994: 89 -103.

[316] Pulselli F M, Patrizi N, Focardi S. Calculation of the Unit Emergy Value of Water in an Italy Watershed [J]. *Ecological Modelling*, 2011, 222 (16): 2929 -2938.

[317] Phillipa H. *A Conjoint Choice Experiment Analysing Water Service Delivery in Three Eastern Cape Municipalities* [M]. South African: Nelson Mandela Metropolitan University, 2011.

[318] Palomo I, Martin L B, Potschin M, et al. National Parks, Buffer Zones and Surrounding Lands: Mapping Ecosystem Service Flows [J]. *Ecosystem Services*, 2013, 4: 104 -116.

[319] Porras I T, Grieg - Gran M, Neves N. *All That Glitters: A Review of Payments for Watershed Services in Developing Countries* [M]. IIED, 2008.

[320] Pant K P, Rasul G. Role of Payment for Environmental Services in Improving Livelihoods and Promoting Green Economy: Empirical Evidence from a Hi-

malayan Watershed in Nepal [J]. *Journal of Environmental Professionals Sri Lanka*, 2013, 2 (1): 1 – 13.

[321] Pires M. Watershed Protection for a World City: The Case of New York [J]. *Land Use Policy*, 2004, 21 (1): 161 – 175.

[322] Perrot-Maître D. The Vittel Payments for Ecosystem Services: a "Perfect" PES Case? [R] London: International Institute for Environment and Development (IIED), 2006.

[323] Pagiola S, Areenas A, Platais G. Can Payments for Environmental Services Help Reduce Poverty? An Exploration of the Issues and the Evidence to Date from Latin America [J]. *World Development*, 2005, 33 (2): 237 – 253.

[324] Pagiola S, Bishop J, Landell – Mills N. Selling Forest Environmental Services: Market-based Mechanisms for Conservation and Development [J]. *Mills*, 2003, 45 (3): 311 – 312.

[325] Randall A, Stoll J R. Consumer's Surplus in Commodity Space [J]. *The American Economic Review*, 1980: 449 – 455.

[326] Rosa H, Kandel S, Dimas L. Compensation for Environmental Services and Rural Communities: Lessons from the Americas [J]. *The International Forestry Review*, 2004, 6 (2): 187 – 194.

[327] Raben K. Access to Water and Payment for Environmental Services, Jequetepeque Watershed, Peru [R]. Working Paper, 2007.

[328] Rai R K, Shyamsundar P, Nepal M, et al. Differences in Demand for Watershed Services: Understanding Preferences through a Choice Experiment in the Koshi Basin of Nepal [J]. *Ecological Economics*, 2015, 119: 274 – 283.

[329] Sarker A, Ross H, Shrestha K K. A Common-pool Resource Approach for Water Quality Management: An Australian Case Study [J]. *Ecological Economics*, 2008 (68): 461 – 471.

[330] Sandhu H S, Wratten S D, Cullen R. The Role of Supporting Ecosystem Services in Conventional and Organic Arable Farmland [J]. *Ecological Complexity*, 2010, 7 (3): 302 – 310.

[331] Smith M, Groot R S D, Bergkamp G, et al. *Establishing Payments for Watershed Services* [M]. Switzerland: IUCN, 2006.

[332] Samuelson P A. The Pure Theory of Public Expenditure [J]. *Reviews of Economics and Statistics*, 1954, 36 (4): 387 - 389.

[333] Salvador S D, Paul R K. A Double-Hurdle Model of Urban Green Areas Valuation: Dealing with Zero Responses [J]. *Landscape and Urban Planning*, 2008, 84 (3): 241 - 251.

[334] Sung Y H, JongRoul W, Sesil L, et al. What do Customers Want from Improved Residential Electricity Services? Evidence from a Choice Experiment [J]. *Energy Policy*, 2015 (85): 410 - 420.

[335] Tansley A G. TheUse and Abuse of Vegetational Concepts and Terms [J]. *Ecology*, 1935, 16 (3): 284 - 307.

[336] Turpie J K, Marais C, Blignaut J N. The Working for Water Program: Evolution of a Payment for Ecosystem Services Mechanism that Addresses Both Poverty and Ecosystem Service Delivery in South Africa [J]. *Ecological Economics*, 2008, 65 (4): 788 - 798.

[337] Train K. A Comparison of Hierarchical Bayes and Maximum Simulated Likelihood for Mixed Logit [EB/OL]. Berkeley: University of California, http://emlab . berkeley. edu/ ~ train/compare. pdf, 2001 - 06 - 18.

[338] Tacconi L. Redefining Payment for Environmental Services [J]. *Ecological Economics*, 2012, 73 (1): 29 - 36.

[339] Wäktzold F, Drechsler M. Spatially Uniform Versus Spatially Heterogeneous Compensation Payments for Biodiversity-enhancing Land - use Measures [J]. *Environmental and Resource Economics*, 2005 (31): 73 - 93.

[340] Willig R D. Consumer's Surplus without Apology [J]. *The American Economic Review*, 1976: 589 - 597.

[341] Wunder S. Payments for Environmental Services: Some Nuts and Bolts [R]. CIFOR Occasional Paper No. 42 Center for International Forestry Research, Bogor (Indonesia), 2005.

[342] Westman W E. How much are Nature's Services Worth? [J] Science, 1977 (197): 960 - 964.

[343] Xu Z M, Cheng G D, Bennett J, et al. Choice Modeling and Its Application to Managing the Ejina Region, China [J]. *Journal of Arid Environments*,

2007, 69 (2): 331 - 343.

[344] Yoshino K, Setiawan B I, Furuya H. Economic Valuation for Cidanau Watershed Area, Indonesia [J]. *Jurnal Manajemen Hutan Tropika*, 2010, 16 (1): 27 - 35.

[345] Yacob M R, Radam A, Samdin Z. Willingness to Pay for Domestic Water Service Improvements in Selangor, Malaysia: A Choice Modeling Approach [J]. *International Business & Management*, 2011, 2 (2): 30 - 39.

[346] Zedler J B. Wetlands at Your Service: Reducing Impacts of Agriculture at the Watershed Scale [J]. *Frontiers in Ecology and the Environment*, 2003 (2): 65 - 72.